复变函数与积分变换

主　编　陈丽娟
副主编　张　蕾　王　欣　王丽莎

北京理工大学出版社
BEIJING INSTITUTE OF TECHNOLOGY PRESS

内 容 简 介

本书共分 9 章，分别介绍了复数与复变函数、解析函数、复变函数的积分、级数理论、留数、共形映射、傅里叶变换、拉普拉斯变换，以及解析函数在平面向量场的应用。此外，每章均配备比较丰富的习题，以帮助学生加深对概念的理解，提高其分析问题和解决问题的能力。并且书后给出了习题参考答案或提示，附录中附有傅里叶变换简表和拉普拉斯变换简表，可供学习时查询和使用。

本书可作为普通高等院校工科各专业的教材，尤其是自动化、通信工程、电子信息工程、测控技术与仪器、机械工程、材料成型及控制工程等专业，也可供相关专业的工程技术人员参考。

图书在版编目（CIP）数据

复变函数与积分变换 / 陈丽娟主编. —北京：北京理工大学出版社，2020.8（2021.8 重印）

ISBN 978-7-5682-8818-7

Ⅰ．①复…　Ⅱ．①陈…　Ⅲ．①复变函数-高等学校-教材 ②积分变换-高等学校-教材　Ⅳ．①O174.5 ②O177.6

中国版本图书馆 CIP 数据核字（2020）第 137180 号

出版发行 / 北京理工大学出版社有限责任公司

社　　址 / 北京市海淀区中关村南大街 5 号

邮　　编 / 100081

电　　话 / （010）68914775（总编室）

　　　　　（010）82562903（教材售后服务热线）

　　　　　（010）68944723（其他图书服务热线）

网　　址 / http：//www.bitpress.com.cn

经　　销 / 全国各地新华书店

印　　刷 / 涿州市新华印刷有限公司

开　　本 / 787 毫米×1092 毫米　1/16

印　　张 / 10.5

字　　数 / 247 千字

版　　次 / 2020 年 8 月第 1 版　2021 年 8 月第 2 次印刷

定　　价 / 35.00 元

责任编辑 / 江　立

文案编辑 / 赵　轩

责任校对 / 周瑞红

责任印制 / 李志强

图书出现印装质量问题，请拨打售后服务热线，本社负责调换

前 言

  "复变函数与积分变换"是给理工科院校本科生（非数学专业）开设的一门基础理论课。复变函数课程的主要内容是讨论复数之间的相互依赖关系，其主要研究对象是解析函数。积分变换是通过积分运算，把一个函数变成另一个函数的变换，它与复变函数有着密切的联系。

  本书的复变函数内容包括复数与复变函数、解析函数、复变函数的积分、级数理论、留数、共形映射，以及解析函数在平面向量场的应用等，其中第9章（解析函数在平面向量场的应用）可根据各专业的不同需要选用。复变函数作为一种有力的工具，广泛地应用于自然科学的众多领域，如理论物理、空气动力学、流体力学等。复变函数是实变函数与微积分的推广与发展，因此，它不仅在内容上与实变函数和微积分有很多相似之处，而且在研究问题的方法与逻辑结构方面也类似。当然，复变函数也有自身的特点，有自己的研究工具和方法，在学习过程中，应注意其和微积分理论的比较，同时注意复变函数本身的特点，并掌握它自身所固有的理论和方法。

  本书的积分变换主要指傅里叶变换与拉普拉斯变换，它也是在实变函数和微积分的基础上发展起来的。积分变换的理论和方法不仅存在于数学的许多分支中，而且在其他工程技术领域中也有着广泛的应用，它已经成为不可缺少的运算工具。

  本教材重视对学生理论知识的讲授和数学素质的培养，力求做到说理清楚、重点突出、详略得当，便于教学授课和学生自学。本书各章都配有适当的例题和类型齐全的习题，书后给出了习题的答案和提示，以供读者练习时参考。

  本书由陈丽娟主编，其中第1章、第6章和第9章由陈丽娟执笔，第2章和第3章由王丽莎执笔，第4章和第5章由张蕾执笔，第7章和第8章由王欣执笔，最后由陈丽娟统一整理定稿。在本书的编写过程中，得到了青岛理工大学教务处、理学院领导和同事的关心与帮助。感谢北京理工大学出版社给予的大力支持，在此表示衷心的谢意。

  由于编者的水平有限，若书中有不足之处，敬请读者批评指正。

编 者

2020 年 3 月

目 录

复数与复变函数

复变函数的研究对象是复数，要求我们对复数及其相关内容有一定的了解. 本章先对复数的有关知识作简要的复习和补充. 由于复数全体可以同平面上点的全体建立一一对应关系，所以平面点集以后经常要用到. 这里仅介绍平面点集的一般概念，然后再介绍复平面上的区域，以及复变函数的极限与连续性等概念.

1.1 复数

1.1.1 复数的基本概念

我们将形如 $z = x + iy$ 的数称为复数，其中，i 称为虚数单位，满足 $i^2 = -1$；x 与 y 是任意实数，依次称为 z 的实部（real part）与虚部（imaginary part），分别表示为

$$\operatorname{Re} z = x, \quad \operatorname{Im} z = y$$

当 $x = 0$，$y \neq 0$ 时，$z = iy$ 称为纯虚数；当 $y = 0$ 时，$z = x + 0i$，我们把它看作实数 x. 若两复数相等，必须且只需它们的实部和虚部分别相等；若一个复数 z 等于 0，必须且只需它的实部和虚部同时等于 0.

与实数不同，一般来说，任意两个复数不能比较大小.

设 $z_1 = x + iy$ 是一个复数，称 $z_2 = x - iy$ 为 z_1 的共轭复数，记作 $\bar{z}_1$. z 的共轭复数有很多用处，后文将逐步介绍.

1.1.2 复数的四则运算

设 $z_1 = x_1 + iy_1$，$z_2 = x_2 + iy_2$ 为任意两个复数，它们的四则运算定义如下：

（1）加法：$z_1 + z_2 = (x_1 + x_2) + i(y_1 + y_2)$；

（2）减法：$z_1 - z_2 = (x_1 - x_2) + i(y_1 - y_2)$；

（3）乘法：$z_1 z_2 = (x_1 x_2 - y_1 y_2) + i(x_1 y_2 + x_2 y_1)$；

（4）除法：$\dfrac{z_1}{z_2} = \dfrac{x_1 x_2 + y_1 y_2}{x_2^2 + y_2^2} + i\dfrac{y_1 x_2 - x_1 y_2}{x_2^2 + y_2^2}$（$z_2 \neq 0$）.

全体复数集合按照上述运算法则构成一个数域，称为复数域.

不难证明，与实数的情形一样，复数的运算也满足交换律、结合律和分配律：

$$z_1 + z_2 = z_2 + z_1, \ z_1 z_2 = z_2 z_1$$

$$z_1 + (z_2 + z_3) = (z_1 + z_2) + z_3 \ , \ z_1 (z_2 z_3) = (z_1 z_2) z_3$$

$$z_1 (z_2 + z_3) = z_1 z_2 + z_1 z_3$$

共轭复数有以下性质：

（1）$\overline{z_1 + z_2} = \overline{z_1} + \overline{z_2}$，　$\overline{z_1 z_2} = \overline{z_1} \ \overline{z_2}$，　$\overline{\left(\dfrac{z_1}{z_2}\right)} = \dfrac{\overline{z_1}}{\overline{z_2}}$（$z_2 \neq 0$）；

（2）$\overline{\overline{z}} = z$；

（3）$z\overline{z} = x^2 + y^2 = (\operatorname{Re} z)^2 + (\operatorname{Im} z)^2$；

（4）$\operatorname{Re} z = \dfrac{1}{2}(z + \overline{z})$，$\operatorname{Im} z = \dfrac{1}{2i}(z - \overline{z})$.

这些性质作为练习，由读者自己去证明.

例 1.1　已知 $z_1 = \dfrac{1 + i}{\sqrt{2}}$，$z_2 = \sqrt{3} - i$，求 $z_1 z_2$ 及 $\dfrac{z_1}{z_2}$.

解　$z_1 z_2 = \dfrac{1 + i}{\sqrt{2}}(\sqrt{3} - i) = \dfrac{1}{\sqrt{2}}(1 + i)(\sqrt{3} - i) = \dfrac{\sqrt{2} + \sqrt{6}}{2} + \dfrac{\sqrt{6} - \sqrt{2}}{2}i$；

$$\dfrac{z_1}{z_2} = \dfrac{\dfrac{1 + i}{\sqrt{2}}}{\sqrt{3} - i} = \dfrac{1}{\sqrt{2}}\dfrac{1 + i}{\sqrt{3} - i} = \dfrac{1}{\sqrt{2}}\dfrac{(1 + i)(\sqrt{3} + i)}{3 + 1} = \dfrac{(\sqrt{6} - \sqrt{2}) + (\sqrt{6} + \sqrt{2})i}{8}.$$

例 1.2　设 z_1、z_2 是两个复数，求证：$|z_1 - z_2|^2 = |z_1|^2 + |z_2|^2 - 2\operatorname{Re}(z_1 \overline{z_2})$.

证明　设 $z_1 = x_1 + iy_1$，$z_2 = x_2 + iy_2$，x_1、x_2、y_1、y_2 为实数，则

$$z_1 - z_2 = (x_1 - x_2) + i(y_1 - y_2)$$

$$z_1 \overline{z_2} = (x_1 + iy_1)(x_2 - iy_2) = (x_1 x_2 + y_1 y_2) + i(y_1 x_2 - x_1 y_2)$$

于是 $|z_1 - z_2|^2 = (x_1 - x_2)^2 + (y_1 - y_2)^2$，而 $\operatorname{Re}(z_1 \overline{z_2}) = x_1 x_2 + y_1 y_2$，所以

$$|z_1|^2 + |z_2|^2 - 2\operatorname{Re}(z_1 \overline{z_2}) = (x_1^2 + y_1^2) + (x_2^2 + y_2^2) - 2(x_1 x_2 + y_1 y_2)$$

$$= (x_1 - x_2)^2 + (y_1 - y_2)^2$$

故 $|z_1 - z_2|^2 = |z_1|^2 + |z_2|^2 - 2\operatorname{Re}(z_1 \overline{z_2})$.

1.1.3　复平面

在直角坐标系下，复数 $x + iy$ 可用平面上的点 (x, y) 来表示. x 轴称为实轴，它上面的点对应实数，y 轴称为虚轴，它上面的点对应纯虚数. 这种表示复数的平面称为复平面或 z 平面，见图 1.1.

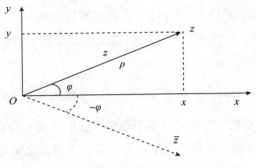

图 1.1　复平面

引进复平面后，我们在"数"与"点"之间建立了一一对应关系. 为了方便起见，今后我们就不再区分"数"和"点"及"数集"和"点集".

1.2　复数的几何表示、模与辐角

1.2.1　复数的向量表示

若把 x、y 当作向量的直角坐标分量，复数可用复平面上的向量来表示. 由复数的向量表示可知，复数加减法满足平行四边形法则（或三角形法则），与向量的加减法则相同（见图 1.2）.

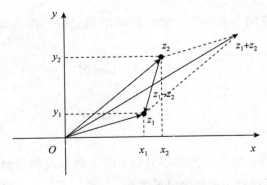

图 1.2　复数的加减

在复平面上，复数 z 还与从原点指向点 $x + iy$ 的平面向量一一对应，因此复数 z 也能用向量 $\overrightarrow{Oz}$ 来表示（见图1.1）. 向量的长度称为 z 的模或绝对值，记作

$$r = |z| = \sqrt{x^2 + y^2} \geqslant 0 \tag{1.1}$$

显然，对于任意复数 $z = x + iy$ 均有 $|x| \leqslant |z|$，$|y| \leqslant |z|$，$|z| \leqslant |x| + |y|$.

另外，根据向量的运算及几何知识（见图1.2），我们可以得到两个重要的不等式：

$$|z_1 + z_2| \leqslant |z_1| + |z_2| \quad （三角形两边之和 \geqslant 第三边） \tag{1.2}$$

$$|z_1 - z_2| \geqslant |z_1| - |z_2| \quad （三角形两边之差 \leqslant 第三边） \tag{1.3}$$

式（1.2）与式（1.3）中等号成立的几何意义是：复数 z_1、z_2 分别与 $z_1 + z_2$ 及 $z_1 - z_2$ 所表示的三个向量共线且同向.

向量 $\overrightarrow{Oz}$ 与实轴正向间的夹角 θ 满足 $\tan \theta = \dfrac{y}{x}$，$\theta$ 称为复数 z 的辐角（Argument），记为 $\theta = \text{Arg } z$，由于任一非零复数 z 均有无穷多个辐角，我们又规定符合条件 $-\pi < \arg z \leqslant \pi$ 的那一个辐角值为 $\text{Arg } z$ 的主值，或称之为 z 的主辐角，主辐角也常记为 $\arg z$，有

$$\text{Arg } z = \arg z + 2k\pi, \quad k = 0, \ \pm 1, \ \pm 2, \ \cdots$$

注意，当 $z = 0$ 时，其模为0，辐角无意义.

对同一个非0复数 z，当用 $\arg z$ 表示 z 的主辐角时，$\arg z$ 与 $\arctan \dfrac{y}{x}$ 有如下关系：

$$\arg z = \begin{cases} \arctan \dfrac{y}{x}, & \text{当 } z \text{ 在第一象限时} \\[2mm] \arctan \dfrac{y}{x} + \pi, & \text{当 } z \text{ 在第二象限时} \\[2mm] \arctan \dfrac{y}{x} - \pi, & \text{当 } z \text{ 在第三象限时} \\[2mm] \arctan \dfrac{y}{x}, & \text{当 } z \text{ 在第四象限时} \end{cases}$$

其中 $-\dfrac{\pi}{2} < \arctan \dfrac{y}{x} < \dfrac{\pi}{2}$.

从直角坐标与极坐标的关系知道，我们还可以用复数的模与辐角来表示非零复数 z，即有

$$z = r(\cos \theta + i\sin \theta) \tag{1.4}$$

同时引进著名的欧拉（Euler）公式：

$$e^{i\theta} = \cos \theta + i\sin \theta \tag{1.5}$$

则得到 $z = re^{i\theta}$.

式（1.4）与式（1.5）分别称为非零复数 z 的三角形式和指数形式. 复数的各种表示法可以互相转换，以满足讨论不同问题时的需要.

例 1.3　将复数 1+i 写成三角形式与指数形式.

解　$|1+i| = \sqrt{2}$，$\arg(1+i) = \dfrac{\pi}{4}$. 所以三角形式为 $1+i = \sqrt{2}\left(\cos\dfrac{\pi}{4} + i\sin\dfrac{\pi}{4}\right)$. 指数形式为 $1+i = \sqrt{2}\,\mathrm{e}^{\mathrm{i}\frac{\pi}{4}}$.

例 1.4　将 $z = \sin\dfrac{\pi}{5} + i\cos\dfrac{\pi}{5}$ 化成三角形式与指数形式.

解　$r = |z| = 1$，又

$$\sin\frac{\pi}{5} = \cos\left(\frac{\pi}{2} - \frac{\pi}{5}\right) = \cos\frac{3\pi}{10}, \quad \cos\frac{\pi}{5} = \sin\left(\frac{\pi}{2} - \frac{\pi}{5}\right) = \sin\frac{3\pi}{10}$$

故 z 的三角形式为 $z = \cos\dfrac{3\pi}{10} + i\sin\dfrac{3\pi}{10}$，指数形式为 $z = \mathrm{e}^{\frac{3}{10}\pi\mathrm{i}}$.

例 1.5　设 $z, w \in \mathbf{C}$，证明：

(1) $|z + w| \leqslant |z| + |w|$；

(2) $|z + w|^2 = |z|^2 + 2\mathrm{Re}(z \cdot \overline{w}) + |w|^2$；

(3) $|z - w|^2 = |z|^2 - 2\mathrm{Re}(z \cdot \overline{w}) + |w|^2$；

(4) $|z + w|^2 + |z - w|^2 = 2(|z|^2 + |w|^2)$，并解释其几何意义.

证明　(1) 由于 $|z + w|^2 = (z + w) \cdot \overline{(z + w)} = (z + w)(\overline{z} + \overline{w})$

$$\begin{aligned}
&= z \cdot \overline{z} + z \cdot \overline{w} + w \cdot \overline{z} + w \cdot \overline{w} \\
&= |z|^2 + z\overline{w} + \overline{(z \cdot \overline{w})} + |w|^2 \\
&= |z|^2 + |w|^2 + 2\mathrm{Re}(z \cdot \overline{w}) \\
&\leqslant |z|^2 + |w|^2 + 2|z| \cdot |\overline{w}| \\
&= |z|^2 + |w|^2 + 2|z| \cdot |w| \\
&= (|z| + |w|)^2
\end{aligned}$$

故 $|z + w| \leqslant |z| + |w|$.

(2) $|z + w|^2 = |z|^2 + 2\mathrm{Re}(z \cdot \overline{w}) + |w|^2$ 在第 (1) 问已经证明.

(3) $|z - w|^2 = (z - w) \cdot \overline{(z - w)} = (z - w)(\overline{z} - \overline{w})$

$$\begin{aligned}
&= |z|^2 - z \cdot \overline{w} - w \cdot \overline{z} + |w|^2 \\
&= |z|^2 - 2\mathrm{Re}(z \cdot \overline{w}) + |w|^2
\end{aligned}$$

从而得证.

(4) 由第 (2)、(3) 问易知 $|z + w|^2 + |z - w|^2 = 2(|z|^2 + |w|^2)$. 其几何意义：平行四边形两对角线平方的和等于各边的平方的和.

例 1.6　下列方程表示复平面上的什么曲线：

(1) $|z - 3 - 5i| = 2$；

(2) $|z - 1| + |z + 3| = 10$；

(3) $\mathrm{Im}(i + \overline{z}) = 4$.

解 （1）从几何上不难看出，方程 $|z - 3 - 5i| = 2$ 代表以点 $z_0 = 3 + 5i$ 为圆心，半径为 2 的圆．下面用代数方法求解该圆的直角坐标方程．

设 $z = x + iy$，该方程变为

$$|x - 3 + (y - 5)i| = 2$$

即 $(x - 3)^2 + (y - 5)^2 = 4$．

（2）从几何上看，方程 $|z - 1| + |z + 3| = 10$ 代表以点 $z_1 = 1$、$z_2 = -3$ 为焦点，长轴为 10 的椭圆；用代数方法求解该椭圆的直角坐标方程．

设 $z = x + iy$，该方程变为

$$|x - 1 + yi| + |x + 3 + yi| = 10$$

即 $\sqrt{(x - 1)^2 + y^2} + \sqrt{(x + 3)^2 + y^2} = 10$．

（3）设 $z = x + iy$，方程 $\mathrm{Im}(i + \bar{z}) = 4$ 变为

$$\mathrm{Im}(i + \bar{z}) = \mathrm{Im}(x + (1 - y)i) = 1 - y = 4$$

即 $y = -3$，这就是一条平行于 x 轴的直线．

1.2.2　复球面

除了用平面内的点或向量来表示复数外，还可以用球面上的点来表示复数，现在我们来介绍这种方法．

取一个与复平面 Oxy 交于原点的球面，通过原点作垂直于复平面的直线与球面相交于另一点 N，称点 N 为北极，而点 S 为南极．在复平面上任取一点 M，它与点 N 的连线相交于球面点 P．如此，复平面上的有限远点与球面上除点 N 外的点满足一一对应关系．这样，除点 N 外的球面上的每一个点，就有复平面上唯一的一个复数与之对应．此外，点 N 可以看成与在复平面上引进的一个模为无穷大的假想的点相对应，这个假想点称为无穷远点，并记为 ∞．复平面加上点 ∞ 后称为扩充复平面，与它对应的就是整个球面 C，这样的整个球面 C 称为复球面．简单地说，扩充复平面的另一个几何模型就是复球面，见图 1.3．

为区别起见，我们把不含无穷远点的复平面又称为开平面，把扩充复平面又称为闭平面．以后，凡涉及闭平面时，一定强调指出这个"闭"字或"扩充"两字；凡没有指明的地方，均默认为开平面．

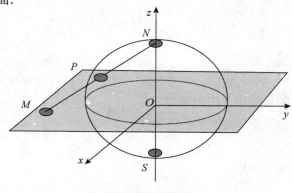

图 1.3　复平面

具体地，利用解析几何知识，我们可以推出在重合的直角坐标系下，扩充复平面上点的坐标与复球面 C 上对应点的坐标的关系式.

关于 ∞ 有如下规定：

（1）∞ 的实部、虚部及辐角（辐角的定义见后）都无意义，$|\infty| = +\infty$；

（2）运算 $\infty \pm \infty$、$0 \cdot \infty$、$\dfrac{\infty}{\infty}$、$\dfrac{0}{0}$ 都无意义；（特别注意，$\infty + \infty$ 也无意义，这不同于实分析。）

（3）$a \neq \infty$ 时，$a \pm \infty = \infty \pm a = \infty$，$\dfrac{\infty}{a} = \infty$，$\dfrac{a}{\infty} = 0$；

（4）$a \neq 0$（但可为 ∞）时，$a \cdot \infty = \infty \cdot a = \infty$，$\dfrac{a}{0} = \infty$；

（5）在扩充复平面上，任一直线都是通过无穷远点的，同时，没有一个半平面包含点 ∞.

1.3 复数的乘幂与方根

1.3.1 乘积与商

由指数性质即可推得复数的乘除有

$$
\left.
\begin{aligned}
z_1 z_2 &= r_1 \mathrm{e}^{\mathrm{i}\theta_1} r_2 \mathrm{e}^{\mathrm{i}\theta_2} = r_1 r_2 \mathrm{e}^{\mathrm{i}(\theta_1 + \theta_2)} \\
\frac{z_1}{z_2} &= \frac{r_1 \mathrm{e}^{\mathrm{i}\theta_1}}{r_2 \mathrm{e}^{\mathrm{i}\theta_2}} = \frac{r_1}{r_2} \mathrm{e}^{\mathrm{i}(\theta_1 - \theta_2)}
\end{aligned}
\right\}
\tag{1.6}
$$

因此

$$
|z_1 z_2| = |z_1| \, |z_2|, \quad \left| \frac{z_1}{z_2} \right| = \frac{|z_1|}{|z_2|} \quad (z_2 \neq 0)
\tag{1.7}
$$

$$
\left.
\begin{aligned}
\operatorname{Arg} z_1 z_2 &= \operatorname{Arg} z_1 + \operatorname{Arg} z_2 \\
\operatorname{Arg}\left(\frac{z_1}{z_2}\right) &= \operatorname{Arg} z_1 - \operatorname{Arg} z_2
\end{aligned}
\right\}
\tag{1.8}
$$

式（1.7）与式（1.8）说明：两个复数 z_1、z_2 的乘积（或商），其模等于这两个复数模的乘积（或商），其辐角等于这两个复数辐角的和（或差）. 复数乘法的几何意义为：当利用向量来表示复数时，可以说表示乘积 $z_1 z_2$ 的向量是 z_1 表示的向量旋转一个角度 $\operatorname{Arg} z_2$，并伸长（缩短）$|z_2|$ 倍得到的. 特别当 $|z_2| = 1$ 时，可得

$$
z_1 z_2 = r_2 \mathrm{e}^{\mathrm{i}(\theta_1 + \theta_2)}
$$

上式说明单位复数（$|z_2| = 1$）乘任何数，几何上相当于将此数所对应的向量旋转一个角度.

另外，也可把式 (1.8) 中的 Arg z 换成 arg z（某个特定值），当 arg z 为主值时，公式两端允许相差 2π 的整数倍，即有

$$
\left.
\begin{aligned}
\text{Arg}\,(z_1 z_2) &= \arg z_1 + \arg z_2 + 2k\pi, \quad k \in \mathbf{Z} \\
\text{Arg}\left(\frac{z_1}{z_2}\right) &= \arg z_1 - \arg z_2 + 2k\pi, \quad k \in \mathbf{Z}
\end{aligned}
\right\}
\tag{1.9}
$$

例 1.7 用三角形式计算 $(1 + \sqrt{3}\,\mathrm{i})/(-\sqrt{3} - \mathrm{i})$.

解 因为 $1 + \sqrt{3}\,\mathrm{i} = 2\left(\cos\dfrac{\pi}{3} + \mathrm{i}\sin\dfrac{\pi}{3}\right)$，$-\sqrt{3} - \mathrm{i} = 2\left[\cos\left(-\dfrac{5\pi}{6}\right) + \mathrm{i}\sin\left(-\dfrac{5\pi}{6}\right)\right]$，

所以

$$
(1 + \sqrt{3}\,\mathrm{i})/(-\sqrt{3} - \mathrm{i}) = \cos\left(\frac{7\pi}{6}\right) + \mathrm{i}\sin\left(\frac{7\pi}{6}\right)
$$

1.3.2 幂与根

考虑乘积的特例——非零复数 z 的正整数次幂 z^n. 设 $z = r\mathrm{e}^{\mathrm{i}\theta}$，则

$$
z^n = r^n \mathrm{e}^{\mathrm{i}n\theta} = r^n(\cos n\theta + \mathrm{i}\sin n\theta)
$$

当 $r = 1$ 时，有

$$
(\cos\theta + \mathrm{i}\sin\theta)^n = (\cos n\theta + \mathrm{i}\sin n\theta)
$$

这就是著名的棣莫弗（De Moivre）公式.

求复数 z 的 n 次方根，相当于在方程 $w^n = z$ 中，求解 w.

设 $z \neq 0$（$z = 0$ 时，显然有唯一解 0）且 $z = r\mathrm{e}^{\mathrm{i}\theta}$，$w = \rho\mathrm{e}^{\mathrm{i}\varphi}$，代入方程 $w^n = z$，得

$$
\rho^n \mathrm{e}^{\mathrm{i}n\varphi} = r\mathrm{e}^{\mathrm{i}\theta}
$$

从而得到两个方程，即

$$
\rho^n = r, \quad n\varphi = \theta + 2k\pi
$$

解得

$$
\rho = \sqrt[n]{r}, \quad \varphi = \frac{\theta + 2k\pi}{n}
$$

因此，复数 z 的 n 次方根（$n \geqslant 2$）为

$$
w_k = (\sqrt[n]{z})_k = \sqrt[n]{r}\,\mathrm{e}^{\mathrm{i}\frac{\theta + 2k\pi}{n}}
$$

这里的 k 表面上可以取 0，± 1，± 2，$\cdots$，但容易验证，实际上只要取 $k = 0$，1，2，$\cdots$，$n - 1$，就可得到 w 的 n 个不同的根；当 k 取其他整数时，将重复出现上述这 n 个根. 在几何上，不难看出，$\sqrt[n]{z}$ 的 n 个值就是以原点为中心，$r^{\frac{1}{n}}$ 为半径的圆的内接正 n 边形的 n 个顶点.

例 1.8 求下列问题：

（1）i 的三次根；

（2）$\sqrt{3} + \sqrt{3}\,\mathrm{i}$ 的平方根.

解　（1）$\sqrt[3]{i} = \left(\cos\dfrac{\pi}{2} + i\sin\dfrac{\pi}{2}\right)^{\frac{1}{3}} = \cos\dfrac{2k\pi + \dfrac{\pi}{2}}{3} + i\sin\dfrac{2k\pi + \dfrac{\pi}{2}}{3}$，其中 $k = 0$，1，2，于

是有 $z_1 = \cos\dfrac{\pi}{6} + i\sin\dfrac{\pi}{6} = \dfrac{\sqrt{3}}{2} + \dfrac{1}{2}i$，$z_2 = \cos\dfrac{5}{6}\pi + i\sin\dfrac{5}{6}\pi = -\dfrac{\sqrt{3}}{2} + \dfrac{1}{2}i$，$z_3 = \cos\dfrac{9}{6}\pi + i\sin$

$\dfrac{9}{6}\pi = -i$.

（2）$\sqrt{3} + \sqrt{3}i = \sqrt{6} \cdot \left(\dfrac{\sqrt{2}}{2} + \dfrac{\sqrt{2}}{2}i\right) = \sqrt{6} \cdot e^{\frac{\pi}{4}i}$，则

$$\sqrt{\sqrt{3} + \sqrt{3}i} = \left(\sqrt{6} \cdot e^{\frac{\pi}{4}i}\right)^{\frac{1}{2}} = 6^{\frac{1}{4}} \cdot \left(\cos\dfrac{2k\pi + \dfrac{\pi}{4}}{2} + i\sin\dfrac{2k\pi + \dfrac{\pi}{4}}{2}\right)\quad (k = 0,\ 1)$$

于是有 $z_1 = 6^{\frac{1}{4}} \cdot \left(\cos\dfrac{\pi}{8} + i\sin\dfrac{\pi}{8}\right) = 6^{\frac{1}{4}} \cdot e^{\frac{\pi}{8}i}$，$z_2 = 6^{\frac{1}{4}} \cdot \left(\cos\dfrac{9}{8}\pi + i\sin\dfrac{9}{8}\pi\right) = 6^{\frac{1}{4}} \cdot e^{\frac{9}{8}\pi i}$.

例 1.9　设 $z = e^{\frac{2\pi}{n}i}$，$n \geq 2$. 证明 $1 + z + \cdots + z^{n-1} = 0$.

证明　由于 $z = e^{i \cdot \frac{2\pi}{n}}$，则 $z^n = 1$，即 $z^n - 1 = 0$. 所以 $(z - 1)(1 + z + \cdots + z^{n-1}) = 0$，又因为 $n \geq 2$，故 $z \neq 1$，从而 $1 + z + z^2 + \cdots + z^{n-1} = 0$.

1.4　复平面上的点集

1.4.1　平面点集的几个概念

1. 邻域

设 $P_0(x_0,\ y_0)$ 是 Oxy 平面上的一个点，δ 是某一正数，与点 $P_0(x_0,\ y_0)$ 距离小于 δ 的点 $P(x,\ y)$ 的全体，称为点 P_0 的 δ 邻域，记为 $U(P_0,\ \delta)$，即 $U(P_0,\ \delta) = \{P \mid |PP_0| < \delta\}$ 或 $U(P_0,\ \delta) = \{(x,\ y) \mid \sqrt{(x - x_0)^2 + (y - y_0)^2} < \delta\}$，见图 1.4.

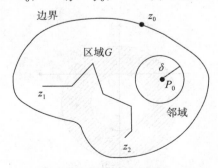

图 1.4　区域、领域的定义

$U(P_0,\ \delta)$ 的几何意义是：以 P_0 为圆心，以 δ 为半径的圆内的全体点所组成的集合.

称 $U^{°}(P_0, \delta) = \{(x, y) \mid 0 < \sqrt{(x-x_0)^2 + (y-y_0)^2} < \delta\}$ 为 P_0 的去心 δ 邻域，简称为点 P_0 的去心邻域.

$U^{°}(P_0, \delta)$ 的几何意义是：以 P_0 为圆心，以 δ 为半径的圆内的全体点挖掉 P_0 所组成的集合.

2. 内点、外点、边界点

任意一点 $z_0 \in \mathbf{R}^2$ 与任意一个点集 $G \subset \mathbf{R}^2$ 之间必有以下三种关系中的一种：内点、外点和边界点. 具体定义如下：

（1）如果存在点 z_0 的一个邻域，该邻域内的所有点都属于 G，则称点 z_0 为 G 的内点；

（2）若点 z_0 的某一个邻域内的点都不属于 G，则称点 z_0 为 G 的外点；

（3）若在点 z_0 的任意一个邻域内，既有属于 G 的点，也有不属于 G 的点，则称点 z_0 为 G 的边界点，点集 G 的全部边界点称为 G 的边界.

3. 开集

如果点集 G 的点都是内点，则称 G 为开集.

4. 连通性

如果点集 G 内任何两点，都可用折线连接起来，且该折线上的点都属于 G，则称 G 为连通集.

5. 区域

连通的开集称为区域或开区域（见图 1.4）.

开区域连同它的边界一起所构成的点集称为闭区域.

若存在一个正数 M，使得 G 内的任意一点 z_0 都满足 $|z_0| < M$，则称 G 为有界集，否则，称 G 为无界集.

表示 z 平面上以点 z_0 为心、R 为半径的圆周及其内部（即圆形闭区域）的方程为 $|z - z_0| \leq R$.

方程 $1 < |z+i| < 2$ 表示以 $-i$ 为圆心、1 和 2 为半径的圆周所组成的圆环区域，为开区域（见图 1.5）.

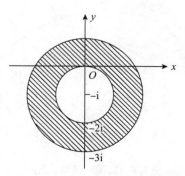

图 1.5　以 $-i$ 为圆点、1 和 2 为半径的圆周组成的圆环区域

表示图 1.6 中带形区域的方程为 $y_1 < \text{Im } z < y_2$，其边界为 $y = y_1$ 与 $y = y_2$，亦为无界区域.

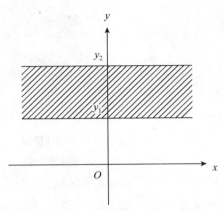

图 1.6　带形区域 $y_1 < \text{Im } z < y_2$

1.4.2　简单曲线

定义 1.1　设 $x(t)$ 及 $y(t)$ 是两个关于实数 t 在闭区间 $[\alpha, \beta]$ 上的连续实变函数，则由方程

$$z = z(t) = x(t) + iy(t) \qquad (\alpha \leqslant t \leqslant \beta) \tag{1.10}$$

所确定的点集 G 称为 z 平面上的一条连续曲线，式（1.10）称为 G 的参数方程，$z(\alpha)$ 及 $z(\beta)$ 分别称为 G 的起点和终点，对任意满足 $\alpha < t_1 < \beta$ 及 $\alpha < t_2 < \beta$ 的 t_1 与 t_2，当 $t_1 \neq t_2$ 时有 $z(t_1) = z(t_2)$，则点 $z(t_1)$ 称为 G 的重点；无重点的连续曲线，称为简单曲线（约当曲线）；$z(\alpha) = z(\beta)$ 的简单曲线称为简单闭曲线. 当 $\alpha \leqslant t \leqslant \beta$ 时，$x'(t)$ 及 $y'(t)$ 存在且不全为零，则称 G 为光滑（闭）曲线.

约当定理：任意一条约当闭曲线把整个复平面分成两个没有公共点的区域；在由这两个区域构成的区域中，一个有界的称为该区域的内部，一个无界的称为该区域的外部，它们都是以该约当闭曲线为边界.

光滑曲线：如果 $x(t) = \text{Re } z(t)$ 和 $y(t) = \text{Im } z(t)$ 都在闭区间 $[a, b]$ 上连续，且有连续的导函数，在 $[a, b]$ 上，$z'(t) = x'(t) + iy'(t) \neq 0$，则称集合 $\{z(t) \mid t \in [a, b]\}$ 为一条光滑曲线；类似地，可以定义分段光滑曲线.

定义 1.2　由有限条光滑曲线连接而成的连续曲线称为分段光滑曲线.

对于简单闭曲线的方向，通常我们是这样来规定的：当观察者沿 G 绕行一周时，G 的内部（或外部）始终在 G 的左方，称为 G 的正方向（或负方向）.

1.4.3　单连通区域与多连通区域

定义 1.3　设 D 为复平面上的区域，若在 D 内无论怎样画简单闭曲线，其内部仍全含

于 D，则称 D 为单连通区域；否则，称为多连通区域（见图 1.7）.

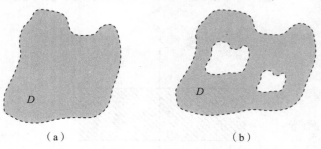

图 1.7　单连通区域和多连通区域

（a）单连通区域；（b）多连通区域

几何直观上，单连通区域和多连通区域的本质区别是，单连通区域内任一闭曲线可连续收缩为一点，简而言之区域内没有"空洞和缝隙"．多连通区域内至少有一闭曲线不能连续收缩为一点，简而言之区域内有"空洞"．

1.5　复变函数

1.5.1　复变函数概念

定义 1.4　设 E 为一复数集，若存在一个对应法则 f，使得 E 内每一复数 z 均有唯一（或两个以上）确定的复数 u 与之对应，则称在 E 上确定了一个单值（或多值）函数 $w = f(z)(z \in E)$，E 称为函数 $w = f(z)$ 的定义域，w 值的全体组成的集合称为函数 $w = f(z)$ 的值域．若 z 与 w 是一一对应的，则称 $f(z)$ 为单值函数．若对于一个 z 有几个 w 的值与之对应，则称 $f(z)$ 为多值函数．

例如 $w = |z|$、$w = \bar{z}$ 及 $w = \dfrac{z+1}{z-1}$　$(z \neq 1)$ 均为单值函数，$w = \sqrt[n]{z}$ 及 $w = \mathrm{Arg}\, z(z \neq 0)$ 均为多值函数.

在本书中，我们只研究单值函数.

设 $w = f(z)$ 是定义在点集 E 上的函数，若令 $z = x + \mathrm{i}y$，$w = u + \mathrm{i}v$，则 u、v 均随着 x、y 而确定，即 u、v 均为 x、y 的二元实变函数，因此我们常把 $w = f(z)$ 写成 $f(z) = u(x, y) + \mathrm{i}v(x, y)$.

在高等数学中，实变函数通常用几何图形来表示，通过这些几何图形，我们可以直观地理解和研究实变函数的性质．而对于复变函数 $w = f(z)$，它反映了两对变量 u、v 和 x、y 之间的对应关系，因而无法用同一个平面内的几何图形表示出来，必须把它看成两个复平面上的点集之间的对应关系．这种"对应"，我们又常说成是"函数""变换""映射".

在变换 $w = f(z)$ 下，点 $w_0 = f(z_0)$ 及值域点集 $M = f(E)$ 分别称为点 z_0 及定义域点集 E 的像，而点 z_0 及定义域点集 E 则分别称为点 w_0 及值域点集 M 的原像．

由此说明，我们可以把复变函数理解为复平面 z 上点集和复平面 w 上点集之间的一个对应关系（映射或变换），这是由于在复平面上我们不再区分"点"（点集）和"数"（数集）．故今后我们也不再区分函数、映射和变换．

例 1.10　把函数 $w = f(z) = z^2 + 2z$ 写成 $w = u(x,\ y) + iv(x,\ y)$ 的形式．

解　设 $z = x + iy$，则

$$w = f(z) = (x + iy)^2 + 2(x + iy) = x^2 - y^2 + i2xy + 2x + i2y$$

因此

$$u(x,\ y) = x^2 + 2x - y^2,\ v(x,\ y) = 2xy + 2y$$

即

$$w = f(z) = (x^2 + 2x - y^2) + i(2xy + 2y)$$

如果复数 z 和 w 分别用 Z 平面和 W 平面上的点表示，则复变函数 $w = f(z)$ 在几何上，可以看成将 Z 平面上的定义域变换到 W 平面上的函数值域的一个变换或映射，它将 D 内的一点 z 变换为 G 内的一点 w（见图 1.8）．

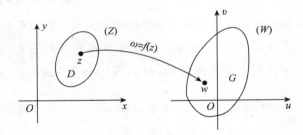

图 1.8　复变函数 $w = f(z)$

1.5.2　复变函数的极限

定义 1.5　设 $w = f(z)$ 于点集 E 上有定义，z_0 为 E 的聚点，若存在一复数 w_0，使得 $\forall \varepsilon > 0$，$\exists \delta > 0$，当 $0 < |z - z_0| < \delta$ 时有 $|f(z) - w_0| < \varepsilon (z \in E)$，则称 $f(z)$ 沿 E 于 z_0 有极限 w_0，记为 $\lim\limits_{z \to z_0} f(z) = w_0$．

该定义的几何意义是：对于 $\forall \varepsilon > 0$，存在相应的 $\delta > 0$，使得当 z 落入 z_0 的去心 δ - 邻域时，相应地，$f(z)$ 就落入 w_0 的 ε - 邻域．这就说明 $\lim\limits_{z \to z_0} f(z) = w_0$ 与 $z \to z_0$ 的路径无关，即不管 z 在复平面上从哪个方向趋于 z_0，只要 z 落入 z_0 的去心 δ - 邻域内，则相应地，$f(z)$ 就落入 w_0 的 ε - 邻域内，而在高等数学中，$\lim\limits_{x \to x_0} f(x)$ 中 x 只能在 x 轴上沿着 x_0 的左、右两个方向趋于 x_0，这正是复变函数与实变函数不同的根源．

例 1.11　证明函数 $f(z) = \dfrac{\bar{z}}{z}$ 在 $z \to 0$ 时极限不存在．

证明　设 $z = x + iy$，$f(z) = \dfrac{\bar{z}}{z} = \dfrac{x^2 - y^2}{x^2 + y^2} + \dfrac{-2xy}{x^2 + y^2} i = u(x,\ y) + iv(x,\ y)$，而 $u(x,\ y) =$

$\dfrac{x^2 - y^2}{x^2 + y^2}$，$v(x,y) = \dfrac{-2xy}{x^2 + y^2}$. 考虑二元实变函数 $u(x,y)$，当 (x,y) 沿着 $y = kx$（k 为任意实数）趋向于 0 时，即

$$\lim_{(x,y) \to (0,0)} u(x,y) = \lim_{\substack{x \to 0 \\ (y = kx)}} u(x,y) = \frac{1 - k^2}{1 + k^2}$$

显然，极限值随 k 值的不同而不同，所以根据二元实变函数极限的定义可知，$u(x,y)$ 在 (x,y) 趋向于 0 时的极限不存在，即得证.

可以类似于高等数学中的极限性质，容易验证复变函数的极限具有以下性质：

（1）若极限存在，则极限是唯一的；

（2）若 $\lim\limits_{z \to z_0} f(z) = A$，$\lim\limits_{z \to z_0} g(z) = B$，那么

$$\lim_{z \to z_0} [f(z) \pm g(z)] = A \pm B = \lim_{z \to z_0} f(z) \pm \lim_{z \to z_0} g(z)$$

$$\lim_{z \to z_0} [f(z)g(z)] = A \cdot B = \lim_{z \to z_0} f(z) \cdot \lim_{z \to z_0} g(z)$$

$$\lim_{z \to z_0} [f(z)/g(z)] = A/B = \lim_{z \to z_0} f(z) / \lim_{z \to z_0} g(z) \qquad (B \neq 0,\ 即\ g(z) \neq 0)$$

另外，对于复变函数的极限与其实部和虚部极限的关系，我们有下述定理.

定理 1.1 设函数 $f(z) = u(x,y) + iv(x,y)$ 于点集 E 上有定义，$z_0 = x_0 + iy_0$ 为 E 的聚点，则 $\lim\limits_{z \to z_0} f(z) = \eta = a + ib$ 的充要条件为 $\lim\limits_{\substack{x \to x_0 \\ y \to y_0}} u(x,y) = a$ 及 $\lim\limits_{\substack{x \to x_0 \\ y \to y_0}} v(x,y) = b$.

证明 因为 $f(z) - \eta = [u(x,y) - a] + i[v(x,y) - b]$，可得

$$\left. \begin{array}{l} |u(x,y) - a| \leqslant |f(z) - \eta| \\ |v(x,y) - b| \leqslant |f(z) - \eta| \end{array} \right\} \tag{1.10}$$

$$|f(z) - \eta| \leqslant |u(x,y) - a| + |v(x,y) - b| \tag{1.11}$$

故由式（1.10）可得必要性部分的证明，由式（1.11）可得充分性部分的证明.

1.5.3 复变函数的连续性

定义 1.6 设 $w = f(z)$ 于点集 E 上有定义，z_0 为点集 E 的聚点，且 $z_0 \in E$，若下限 $\lim\limits_{z \to z_0} f(z) = f(z_0)$ 则称 $f(z)$ 沿点集 E 于 z_0 连续.

根据该定义，$f(z)$ 沿点集 E 于 z_0 连续就意味着：$\forall \varepsilon > 0$，$\exists \delta > 0$，当 $|z - z_0| < \delta$ 时，有 $|f(z) - f(z_0)| < \varepsilon$.

与高等数学中的连续函数性质相似，复变函数的连续性有如下性质：

（1）若 $f(z)$、$g(z)$ 沿点集 E 于点 z_0 连续，则其和、差、积、商（在商的情形，要求分母 z_0 不为零）沿点集 E 于 z_0 连续；

（2）若函数 $\eta = f(z_0)$ 沿点集 E 于 z_0 连续，且 $f(E) \subseteq G$，函数 $w = g(\eta)$ 沿点集 G 于 $\eta_0 = f(z_0)$ 连续，则复合函数 $w = g[f(z_0)]$ 沿点集 E 于 z_0 连续.

其次，我们还有以下定理.

定理 1.2　设函数 $f(z) = u(x, y) + iv(x, y)$ 于点集 E 上有定义，$z_0 \in E$，则 $f(z)$ 在点 $z_0 = x_0 + iy_0$ 连续的充要条件为：$u(x, y)$、$v(x, y)$ 沿点集 E 于点 (x_0, y_0) 均连续.

例如，函数 $f(z) = \ln(x^2 + y^2) + i(x^2 - y^2)$ 在复平面内除原点外处处连续，因为 $u = \ln(x^2 + y^2)$ 除原点外是处处连续的，而 $v = (x^2 - y^2)$ 是处处连续的.

定义 1.7　若函数 $f(z)$ 在点集 E 上每一点都连续，则称 $f(z)$ 在点集 E 上连续，或称 $f(z)$ 为点集 E 上的连续函数.

与高等数学相同，在有界闭集 C 上连续的复变函数具有以下性质：

(1) 在 C 上 $f(z)$ 有界，即 $\exists M > 0$，使得 $|f(z)| \leq M (z \in C)$；

(2) $|f(z)|$ 在 C 上有最大值和最小值.

习题 1

1. 求下列各复数的实部、虚部、模与辐角：

(1) $\dfrac{1 - 2i}{3 - 4i} - \dfrac{2 - i}{5i}$；

(2) $\left(\dfrac{1 + \sqrt{3}\,i}{2} \right)^3$.

2. 设 $z = \dfrac{1 - 2i}{3 - 4i} - \overline{\left(\dfrac{2 + i}{-5i} \right)}$，求 $\mathrm{Re}\, z$，$\mathrm{Im}\, z$，$z\bar{z}$.

3. 给出复数 $z_1 = -1 + i\sqrt{3}$ 和复数 $z_2 = \dfrac{2i}{-1 + i}$ 的三角形式及指数形式.

4. 求解下列问题：

(1) $z^3 - i = 0$；

(2) $\sqrt[4]{-2 + 2i}$.

5. 设 z_2、z_2、z_3 三点满足条件：$z_1 + z_2 + z_3 = 0$，$|z_1| = |z_2| = |z_3| = 1$，试证明 z_1、z_2、z_3 是内接于单位圆 $|z| = 1$ 的一个正三角形的顶点.

6. 设 $z + z^{-1} = 2\cos\theta (z \neq 0)$，$\theta$ 是 z 的辐角，求证 $z^n + z^{-n} = 2\cos n\theta (z \neq 0)$.

7. 描出下列不等式所确定的区域与闭区域，并指明它是有界的还是无界的，是单连通区域还是多连通区域：

(1) $|z| < 1$，$\mathrm{Re}\, z \leq \dfrac{1}{2}$；

(2) $\mathrm{Re}\, z^2 < 1$.

8. 指出满足下列各式的点 z 的轨迹（曲线类型）：

(1) $\arg(z - i) = \dfrac{\pi}{4}$；

（2）$z\bar{z} + a\bar{z} + \bar{a}z + b = 0$，其中 a 为复数，b 为实常数.

9. 试证明 $\lim\limits_{z\to 0} \dfrac{\operatorname{Re} z}{z}$ 不存在.

10. 求下列极限：

（1）$\lim\limits_{z\to\infty} \dfrac{1}{1 + z^2}$；

（2）$\lim\limits_{z\to 0} \dfrac{\operatorname{Re}(z)}{z}$.

第 2 章

解析函数

解析函数是复变函数这门课程研究的中心，是复变函数讨论的主要对象，在理论和实践中有着广泛的应用．本章首先引入复变函数的导数概念，然后讨论解析函数的概念和判别方法，介绍解析函数的一个充分必要条件；最后介绍一些常用的初等函数，说明它们的解析性．

2.1 解析函数的概念

2.1.1 复变函数的导数与微分

1. 导数的定义

定义 2.1 设函数 $w = f(z)$ 定义于区域 D，z_0 与 $z_0 + \Delta z$ 均在 D 内，$\lim\limits_{\Delta z \to 0} \dfrac{f(z_0 + \Delta z) - f(z_0)}{\Delta z}$

存在，那么就称 $f(z)$ 在 z_0 处可导，这个极限值称为 $f(z)$ 在 z_0 处的导数，记为

$$f'(z_0) = \frac{\mathrm{d}w}{\mathrm{d}z}\Big|_{z = z_0} = \lim_{\Delta z \to 0} \frac{f(z_0 + \Delta z) - f(z_0)}{\Delta z} \tag{2.1}$$

或

$$\Delta w = f'(z_0)\Delta z + o(|\Delta z|) \quad (\Delta z \to 0) \tag{2.2}$$

也称 $\mathrm{d}f(z_0) = f'(z_0)\Delta z$ 或 $f'(z_0)\mathrm{d}z$ 为 $f(z)$ 在 z_0 处的微分，故也称 $f(z)$ 在 z_0 处可微．

也就是说，对任意给定的 $\varepsilon > 0$，相应地，有一个 $\delta(\varepsilon) > 0$，使得当 $0 < |\Delta z| < \delta$ 时，总有

$$\left| \frac{f(z_0 + \Delta z) - f(z_0)}{\Delta z} - f'(z_0) \right| < \varepsilon$$

应当注意，式（2.1）和式（2.2）中 $z_0 + \Delta z \to z_0$（即 $\Delta z \to 0$）的方式是任意的，定义中极限值存在的要求与 $z_0 + \Delta z \to z_0$ 的方式无关. 对于导数的这一限制比对一元实变函数的类似限制要严格得多，从而使复变可导函数具有许多独特的性质和应用.

如果 $f(z)$ 在区域 D 处处可导，则称 $f(z)$ 在 D 内可导. 同样，如果 $f(z)$ 在区域 D 处处可微，则称 $f(z)$ 在 D 内可微.

例 2.1 求 $f(z) = z^2$ 的导数.

解 因为

$$\lim_{\Delta z \to 0} \frac{f(z + \Delta z) - f(z)}{\Delta z} = \lim_{\Delta z \to 0} \frac{(z + \Delta z)^2 - z^2}{\Delta z}$$

$$= \lim_{\Delta z \to 0}(2z + \Delta z) = 2z$$

所以 $f'(z) = 2z$，即函数 $f(z) = z^2$ 在全平面均可导.

例 2.2 $f(z) = 2x + \mathrm{i}y$ 是否可导？

解 由于

$$\lim_{\Delta z \to 0} \frac{f(z + \Delta z) - f(z)}{\Delta z} = \lim_{\Delta z \to 0} \frac{2(x + \Delta x) + \mathrm{i}(y + \Delta y) - 2x - \mathrm{i}y}{\Delta z} = \lim_{\Delta z \to 0} \frac{2\Delta x + \mathrm{i}\Delta y}{\Delta x + \mathrm{i}\Delta y}$$

① 设 Δz 沿着平行于 x 轴的方向趋于 0，因为 $\Delta y = 0$，$\Delta z = \Delta x$，这时有：

$$\lim_{\Delta z \to 0} \frac{2\Delta x + \mathrm{i}\Delta y}{\Delta x + \mathrm{i}\Delta y} = \lim_{\Delta x \to 0} \frac{2\Delta x}{\Delta x} = 2$$

② 设 Δz 沿着平行于 y 轴的方向趋于 0，因为 $\Delta x = 0$，这时 $\Delta z = \mathrm{i}\Delta y$，于是有：

$$\lim_{\Delta z \to 0} \frac{2\Delta x + \mathrm{i}\Delta y}{\Delta x + \mathrm{i}\Delta y} = \lim_{\Delta y \to 0} \frac{\mathrm{i}\Delta y}{\mathrm{i}\Delta y} = 1$$

所以函数 $f(z) = 2x + \mathrm{i}y$ 不可导.

2. 可导与连续

从上例可以看出，函数 $f(z) = 2x + \mathrm{i}y$ 处处连续却处处不可导. 然而，反过来我们容易证明可导必定连续.

根据函数 $f(z)$ 在 z_0 可导的定义，对于任给 $\varepsilon > 0$，相应地，有一个 $\delta > 0$，使得当 $0 < |\Delta z| < \delta$ 时，有

$$\left| \frac{f(z_0 + \Delta z) - f(z_0)}{\Delta z} - f'(z_0) \right| < \varepsilon$$

令

$$\rho(\Delta z) = \frac{f(z_0 + \Delta z) - f(z_0)}{\Delta z} - f'(z_0)$$

则 $\lim\limits_{\Delta z \to 0} \rho(\Delta z) = 0$，由此可得 $f(z_0 + \Delta z) - f(z_0) = f'(z_0)\Delta z + \rho(\Delta z)\Delta z$，所以 $\lim\limits_{\Delta z \to 0} f(z_0 + \Delta z) = f(z_0)$，即 $f(z)$ 在 z_0 连续.

3. 求导法则

由于复变函数中导数的定义与一元实变函数中导数的定义在形式上完全相同，因而复变

函数中的求导法则和实变函数求导法则一致. 具体的求导法则为：

（1）常数的导数 $c' = (a + ib)' = 0$；

（2）$(z^n)' = nz^{n-1}$，n 为自然数；

（3）设函数 $f(z)$ 和 $g(z)$ 均可导，则

$$[f(z) \pm g(z)]' = f'(z) \pm g'(z)$$

$$[f(z)g(z)]' = f'(z)g(z) + f(z)g'(z)$$

$$\left[\frac{f(z)}{g(z)}\right]' = \frac{f'(z)g(z) - f(z)g'(z)}{g^2(z)} \qquad g(z) \neq 0$$

（4）复合函数的导数 $(f[g(z)])' = f'(w)g'(z)$，其中 $w = g(z)$；

（5）反函数的导数 $f'(z) = \dfrac{1}{\varphi'(w)}$，其中，$w = f(z)$ 与 $z = \varphi(w)$ 是互为单值的反函数，且 $\varphi'(w) \neq 0$.

2.1.2　解析函数的概念

在复变函数的理论中，解析函数是主要的研究对象. 下面首先给出解析函数的定义.

定义 2.2　如果函数 $f(z)$ 在 z_0 及 z_0 的邻域内处处可导，那么称 $f(z)$ 在点 z_0 解析，z_0 称为 $f(z)$ 的解析点. 如果 $f(z)$ 在区域 D 内每一点都解析，则称 $f(z)$ 是 D 内的一个解析函数.

若函数 $f(z)$ 在点 z_0 不解析，则称 z_0 为函数 $f(z)$ 的奇点.

例如，函数 $f(z) = \dfrac{1}{1 - z}$ 在复平面上除 $z = 1$ 外都是解析的，$z = 1$ 为它的奇点. 从函数解析的定义可以看出，函数在一点解析与在一点可导的概念是不同的. 函数在一点可导，不一定在该点处解析，函数在一点处解析比在该点处可导的要求要高得多. 但函数在区域内解析与在区域内可导的概念是等价的.

有些文献把区域 D 内的解析函数也称为 D 内的全纯函数或正则函数.

例 2.3　讨论 $f(z) = |z|^2$ 的解析性.

解　由于 $\displaystyle\lim_{\Delta z \to 0} \frac{f(z_0 + \Delta z) - f(z_0)}{\Delta z} = \lim_{\Delta z \to 0} \frac{|z_0 + \Delta z|^2 - |z_0|^2}{\Delta z}$

$$= \lim_{\Delta z \to 0} \frac{(z_0 + \Delta z)(\bar{z}_0 + \overline{\Delta z}) - z_0 \bar{z}_0}{\Delta z}$$

$$= \lim_{\Delta z \to 0} \left(\bar{z}_0 + \overline{\Delta z} + z_0 \frac{\overline{\Delta z}}{\Delta z}\right)$$

当 $z_0 = 0$ 时，这个极限是 0；当 $z_0 \neq 0$ 时，令 $z_0 + \Delta z$ 沿直线 $y - y_0 = k(x - x_0)$ 趋于 z_0，由于 k 的任意性，可知

$$\frac{\overline{\Delta z}}{\Delta z} = \frac{\Delta x - \mathrm{i}\Delta y}{\Delta x + \mathrm{i}\Delta y} = \frac{1 - \mathrm{i}\dfrac{\Delta y}{\Delta x}}{1 + \mathrm{i}\dfrac{\Delta y}{\Delta z}} = \frac{1 - k\mathrm{i}}{1 + k\mathrm{i}}$$

不趋于一个确定的值，所以极限 $\lim\limits_{\Delta z \to 0} \dfrac{f(z_0 + \Delta z) - f(z_0)}{\Delta z}$ 不存在. 因此，$f(z) = |z|^2$ 在 $z = 0$ 处可导，而在其他点处都不可导.

根据求导法则，不难得到如下定理.

定理 2.1　在区域 D 内两个解析函数 $f(z)$ 和 $g(z)$ 的和、差、积、商（除去分母为零的点）仍是 D 内解析函数；设函数 $h = g(z)$ 在 z 平面上的区域 D 内解析，函数 $\omega = f(h)$ 在 h 平面上的区域 G 内解析. 如果对 D 内的每一点 z，函数 $g(z)$ 的对应值 h 都属于 G，那么复合函数 $\omega = f[g(z)]$ 在 D 内解析.

从这个定理可知，所有多项式函数在复平面内都是处处解析的，任何一个有理分式函数在不含分母为零的点的区域内是解析函数，使分母为零的点是它的奇点.

2.2　函数解析的充要条件

在上一节中，我们已经看到并不是每一个复变函数都是解析函数，函数在某点解析与它的导数有关. 判别一个函数是否解析，首先要看这个函数在这一点及其邻域内，或者在这个区域内它的导数是否存在. 但是如果只根据解析函数的定义进行判断，往往是困难的，因此需要寻找判别函数解析与否的简便而实用的方法.

下面先讨论 $f(z)$ 可导（可微）的必要条件.

定理 2.2　设函数 $f(z) = u(x, y) + iv(x, y)$ 在区域 D 内有定义，$z = x + iy$ 是 D 内任意一点. 若 $f(z)$ 在点 z 处可导，则 $u(x, y)$ 与 $v(x, y)$ 满足柯西-黎曼（Cauchy-Riemann）条件：

$$\frac{\partial u}{\partial x} = \frac{\partial v}{\partial y}, \ \frac{\partial u}{\partial y} = -\frac{\partial v}{\partial x}$$

且 $f(z)$ 的导数为

$$f'(z) = \frac{\partial u}{\partial x} + i\frac{\partial v}{\partial x} = \frac{\partial v}{\partial y} - i\frac{\partial u}{\partial y}$$

证明　因为 $f(z)$ 在点 z 处可导，所以由导数定义，有

$$f'(z) = \lim_{\Delta z \to 0} \frac{f(z + \Delta z) - f(z)}{\Delta z} = \lim_{\Delta z \to 0} \frac{\Delta w}{\Delta z}$$

其中，$\Delta w = \Delta u + i\Delta v$；$\Delta z = \Delta x + i\Delta y$. 则原式改为

$$f'(z) = \lim_{\substack{\Delta x \to 0 \\ \Delta y \to 0}} \frac{[u(x + \Delta x, y + \Delta y) + iv(x + \Delta x, y + \Delta y)] - [u(x, y) + iv(x, y)]}{\Delta x + i\Delta y}$$

$$= \lim_{\substack{\Delta x \to 0 \\ \Delta y \to 0}} \frac{[u(x + \Delta x, y + \Delta y) - u(x, y)] + i[v(x + \Delta x, y + \Delta y) - v(x, y)]}{\Delta x + i\Delta y}$$

$$= \lim_{\substack{\Delta x \to 0 \\ \Delta y \to 0}} \frac{\Delta u + i\Delta v}{\Delta x + i\Delta y}$$

其中，Δz 以任意方式趋于 0，因此可以选取两条特殊路线使 $\Delta z \to 0$. 它们分别为：

①当 Δz 沿平行于实轴的直线趋于 0，即 $\Delta z = \Delta x$，$\Delta y \equiv 0$ 时，有

$$f'(z) = \lim_{\Delta x \to 0} \frac{\Delta u + i\Delta v}{\Delta x} = \lim_{\Delta x \to 0}\left(\frac{\Delta u}{\Delta x} + i\,\frac{\Delta v}{\Delta x}\right) = \frac{\partial u}{\partial x} + i\,\frac{\partial v}{\partial x}$$

②当 Δz 沿平行于虚轴的直线趋于 0，即 $\Delta z = i\Delta y$，$\Delta x \equiv 0$ 时，有

$$f'(z) = \lim_{\Delta y \to 0} \frac{\Delta u + i\Delta v}{i\Delta y} = \lim_{\Delta y \to 0}\left(\frac{\Delta v}{\Delta y} - i\,\frac{\Delta u}{\Delta y}\right) = \frac{\partial v}{\partial y} - i\,\frac{\partial u}{\partial y}$$

于是

$$\frac{\partial u}{\partial x} + i\,\frac{\partial v}{\partial x} = \frac{\partial v}{\partial y} - i\,\frac{\partial u}{\partial y}$$

比较上式两端，即得

$$\frac{\partial u}{\partial x} = \frac{\partial v}{\partial y}, \qquad \frac{\partial v}{\partial x} = -\frac{\partial u}{\partial y} \tag{2.3}$$

式（2.3）称为柯西-黎曼条件，或称柯西-黎曼方程，简记为 C-R 条件。它是函数 $f(z) = u(x, y) + iv(x, y)$ 在一点可导的必要条件，事实上，这个条件也是充分条件。

定理 2.3　函数 $f(z) = u(x, y) + iv(x, y)$ 在其定义域 D 内解析的充分必要条件是：$u(x, y)$ 与 $v(x, y)$ 在 D 内任意一点 $z = x + iy$ 可微，且满足柯西-黎曼条件。

证明　必要性已由前面定理 2.2 给出证明，现在来证明充分性。

设 $f(z)$ 在 D 内一点 z 解析，则 $f(z + \Delta z) - f(z) = \Delta w = \Delta u + i\Delta v$，由于 $u(x, y)$、$v(x, y)$ 在 D 内任一点可微，可知

$$\Delta u = \frac{\partial u}{\partial x}\Delta x + \frac{\partial u}{\partial y}\Delta y + \varepsilon_1 \Delta x + \varepsilon_2 \Delta y, \quad \Delta v = \frac{\partial v}{\partial x}\Delta x + \frac{\partial v}{\partial y}\Delta y + \varepsilon_3 \Delta x + \varepsilon_4 \Delta y$$

又 $\lim\limits_{\substack{\Delta x \to 0 \\ \Delta y \to 0}} \varepsilon_k = 0$，其中 $k = 1, 2, 3, 4$，所以

$$f(z + \Delta z) - f(z) = \Delta u + i\Delta v$$

$$= \frac{\partial u}{\partial x}\Delta x + i\,\frac{\partial u}{\partial y}\Delta y + \varepsilon_1 \Delta x + \varepsilon_2 \Delta y + i\left(\frac{\partial v}{\partial x}\Delta x + \frac{\partial v}{\partial y}\Delta y + \varepsilon_3 \Delta x + \varepsilon_4 \Delta y\right)$$

$$= \left(\frac{\partial u}{\partial x} + i\,\frac{\partial v}{\partial x}\right)\Delta x + \left(\frac{\partial u}{\partial y} + i\,\frac{\partial v}{\partial y}\right)\Delta y + (\varepsilon_1 + i\varepsilon_3)\Delta x + (\varepsilon_2 + i\varepsilon_4)\Delta y$$

根据 C-R 条件，$\dfrac{\partial u}{\partial y} = -\dfrac{\partial v}{\partial x} = i^2\dfrac{\partial v}{\partial x}$，$\dfrac{\partial v}{\partial y} = \dfrac{\partial u}{\partial x}$，所以

$$f(z + \Delta z) - f(z) = \left(\frac{\partial u}{\partial x} + i\,\frac{\partial v}{\partial x}\right)(\Delta x + i\Delta y) + (\varepsilon_1 + i\varepsilon_3)\Delta x + (\varepsilon_2 + i\varepsilon_4)\Delta y$$

$$\frac{f(z + \Delta z) - f(z)}{\Delta z} = \frac{\partial u}{\partial x} + i\,\frac{\partial v}{\partial x} + (\varepsilon_1 + i\varepsilon_3)\frac{\Delta x}{\Delta z} + (\varepsilon_2 + i\varepsilon_4)\frac{\Delta y}{\Delta z}$$

因为 $\left|\dfrac{\Delta x}{\Delta z}\right| \leqslant 1$，$\left|\dfrac{\Delta y}{\Delta z}\right| \leqslant 1$，当 $\Delta z \to 0$ 时，上述等式取极限，利用 $\lim\limits_{\substack{\Delta x \to 0 \\ \Delta y \to 0}} \varepsilon_k = 0(k = 1, 2, 3, 4)$，因此，$f'(z) = \dfrac{\partial u}{\partial x} + i\,\dfrac{\partial v}{\partial x} = \dfrac{\partial v}{\partial y} - i\,\dfrac{\partial u}{\partial y}$。

定理 2.2 和定理 2.3 是本章的主要定理, 它们不仅提供了判断函数 $f(z)$ 在某点是否可导、在区域内是否解析的常用方法, 而且给出了一个简洁的求导公式 [式 (2.3)], 是否满足柯西-黎曼条件是定理中的主要条件. 如果 $f(z)$ 在区域 D 内不满足柯西-黎曼条件, 那么 $f(z)$ 在 D 内不解析; 如果在区域 D 内满足柯西-黎曼条件, 并且 u 和 v 具有一阶连续偏导数 (因而 u 和 v 在 D 内可微), 那么 $f(z)$ 在 D 内解析, 对于 $f(z)$ 在一点 $z = x + iy$ 的可导性, 也有类似的结论.

例 2.4 判别下列函数是否可导、是否解析:

(1) $w = \bar{z}$;

(2) $f(z) = e^x(\cos y + i\sin y)$;

(3) $w = z\text{Re}(z)$.

解 (1) 因为 $u = x$, $v = -y$, 则

$$\frac{\partial u}{\partial x} = 1, \quad \frac{\partial u}{\partial y} = 0, \quad \frac{\partial v}{\partial x} = 0, \quad \frac{\partial v}{\partial y} = -1$$

可知该函数不满足柯西-黎曼条件, 所以 $w = \bar{z}$ 在全平面处处不解析.

(2) 因为 $u = e^x\cos y$, $v = e^x\sin y$, 则

$$\frac{\partial u}{\partial x} = e^x\cos y, \quad \frac{\partial u}{\partial y} = -e^x\sin y, \quad \frac{\partial v}{\partial x} = e^x\sin y, \quad \frac{\partial v}{\partial y} = e^x\cos y$$

因为 $\frac{\partial u}{\partial x} = \frac{\partial v}{\partial y}$, $\frac{\partial u}{\partial y} = -\frac{\partial v}{\partial x}$, 所以函数 $f(z) = e^x(\cos y + i\sin y)$ 在全平面处处解析.

(3) $w = (x + iy)x = x^2 + ixy \Rightarrow u = x^2$, $v = xy$, 则

$$\frac{\partial u}{\partial x} = 2x, \quad \frac{\partial u}{\partial y} = 0; \quad \frac{\partial v}{\partial x} = y, \quad \frac{\partial v}{\partial y} = x$$

显然, 这四个偏导数处处连续, 但是, 只有当 $x = y = 0$ 时, 它们才满足柯西-黎曼条件, 因而, 函数仅在 $z = 0$ 可导, 但在复平面内处处不解析.

例 2.5 设函数 $f(z) = x^2 + axy + by^2 + i(cx^2 + dxy + y^2)$, 问常数 a、b、c、d 取何值时, $f(z)$ 在复平面内处处解析?

解 由于

$$\frac{\partial u}{\partial x} = 2x + ay, \qquad \frac{\partial u}{\partial y} = ax + 2by$$

$$\frac{\partial v}{\partial x} = 2cx + dy, \qquad \frac{\partial v}{\partial y} = dx + 2y$$

从而要使

$$\frac{\partial u}{\partial x} = \frac{\partial v}{\partial y}, \qquad \frac{\partial u}{\partial y} = -\frac{\partial v}{\partial x}$$

只需 $2x + ay = dx + 2y$, $2cx + dy = -ax - 2by$, 因此, 当 $a = 2$、$b = -1$、$c = -1$、$d = 2$ 时, 此函数在复平面内处处解析.

推论 2.1　若 $f'(z)$ 在区域 D 内处处为零，那么 $f(z)$ 在 D 内为一常数.

证明　因为 $f'(z) = \dfrac{\partial u}{\partial x} + \mathrm{i}\dfrac{\partial v}{\partial x} = \dfrac{\partial v}{\partial y} - \mathrm{i}\dfrac{\partial u}{\partial y} \equiv 0$，故 $\dfrac{\partial u}{\partial x} = \dfrac{\partial u}{\partial y} = \dfrac{\partial v}{\partial x} = \dfrac{\partial v}{\partial y} = 0$，所以有 $u = $ 常数，$v = $ 常数，因而 $f(z)$ 为常数.

2.3　初等函数

复变函数中的初等函数是实变函数中相应初等函数的推广，所以，它们之间有相同之处，又有不同的地方. 本节研究这些初等函数的性质. 并说明它们的解析性.

2.3.1　指数函数

定义 2.3　设复变函数 $z = x + \mathrm{i}y$，则称指数函数 $\mathrm{e}^z = \mathrm{e}^{x+\mathrm{i}y} = \mathrm{e}^x(\cos y + \mathrm{i}\sin y)$ 为复变指数函数（简称复指数函数），e^z 也记作 $\exp(z)$.

显然，当 $x = 0$ 时，$z = \mathrm{i}y$，$\mathrm{e}^z = \mathrm{e}^{\mathrm{i}y} = \cos y + \mathrm{i}\sin y$；当 $y = 0$ 时，$\mathrm{e}^z = \mathrm{e}^x$，为实变指数函数. 因此，$\mathrm{e}^z$ 可以看成实变指数函数 e^x 的自然推广.

复指数函数具有如下一些性质.

（1）e^z 在整个复平面都有定义，且 $\mathrm{e}^z \neq 0$.

事实上，对于任意 z，e^x、$\cos y$、$\sin y$ 都有定义，所以 e^z 在整个 z 平面上也有定义，又因为 $|\mathrm{e}^z| = \mathrm{e}^x > 0$，所以它处处不为零.

（2）$(\mathrm{e}^z)' = \mathrm{e}^z$，所以 e^z 在全平面都解析.

（3）运算法则类似于实变指数函数，即对任意的 z_1、z_2，有 $\mathrm{e}^{z_1+z_2} = \mathrm{e}^{z_1} \cdot \mathrm{e}^{z_2}$.

事实上，设 $z_1 = x_1 + \mathrm{i}y_1$，$z_2 = x_2 + \mathrm{i}y_2$，则

$$\mathrm{e}^{z_1+z_2} = \mathrm{e}^{x_1+\mathrm{i}y_1+x_2+\mathrm{i}y_2} = \mathrm{e}^{x_1+x_2+\mathrm{i}(y_1+y_2)}$$
$$= \mathrm{e}^{x_1+x_2}\left[\cos(y_1+y_2) + \mathrm{i}\sin(y_1+y_2)\right]$$
$$= \mathrm{e}^{x_1}(\cos y_1 + \mathrm{i}\sin y_1) \cdot \mathrm{e}^{x_2}(\cos y_2 + \mathrm{i}\sin y_2)$$
$$= \mathrm{e}^{x_1+\mathrm{i}y_1} \cdot \mathrm{e}^{x_2+\mathrm{i}y_2} = \mathrm{e}^{z_1} \cdot \mathrm{e}^{z_2}$$

（4）e^z 是以 $2\pi\mathrm{i}$ 为周期的周期函数，即 $\mathrm{e}^{z+2\pi\mathrm{i}} = \mathrm{e}^z$；

因为对于任何复数 z，都有

$$\mathrm{e}^{z+2\pi\mathrm{i}} = \mathrm{e}^z \cdot \mathrm{e}^{2\pi\mathrm{i}} = \mathrm{e}^z(\cos 2\pi + \mathrm{i}\sin 2\pi) = \mathrm{e}^z$$

所以 $2\pi\mathrm{i}$ 是 e^z 的周期. 还可以推出，对于任意的正整数 k，$2k\pi\mathrm{i}$ 也是它的周期.

2.3.2　对数函数

定义 2.4　复指数函数 $z = \mathrm{e}^w(z \neq 0)$ 的反函数为 $w = \mathrm{Ln}\, z$，称为对数函数.

设 $z = r\mathrm{e}^{\mathrm{i}\theta}$，$w = u + \mathrm{i}v$，则有 $r\mathrm{e}^{\mathrm{i}\theta} = \mathrm{e}^{u+\mathrm{i}v}$，于是

$$e^u = r \Rightarrow u = \ln r = \ln|z|$$

又 $e^{iv} = e^{i\theta} \Rightarrow v = \theta + 2k\pi(k = 0, \pm 1, \pm 2, \cdots)$，即

$$w = \ln|z| + i\mathrm{Arg}\, z \text{ 或 } w = \ln|z| + i\arg z + 2k\pi i \quad (k = 0, \pm 1, \pm 2, \cdots)$$

我们称

$$\ln z = \ln|z| + i\arg z \quad (-\pi < \arg z \leqslant \pi) \tag{2.4}$$

为对数 $\mathrm{Ln}\, z$ 的主值，即 $\mathrm{Ln}\, z = \ln z + 2k\pi i$，$k$ 为任意整数. 对数函数为一无穷多值函数，并且每两个值之间相差 $2\pi i$ 的整数倍.

在式（2.4）中，取 $z = x > 0$，$\ln|z| = \ln x$，$\arg z = 0$，从而 $\ln z = \ln x$，这就是在实变函数中的对数函数. 因此对数函数 $\ln z$ 是实变函数 $\ln x$ 在复数域上的推广.

若 $z = 0$，则方程 $z = e^w$ 无解，因此在对数函数的定义中 $z = 0$ 应该去掉，即 0 没有对数.

例 2.6 求 $\mathrm{Ln}(-1)$、$\mathrm{Ln}(3 + 4i)$ 及其主值.

解
$$\mathrm{Ln}(-1) = \ln 1 + \pi i + 2k\pi i = (2k + 1)\pi i, \; \ln(-1) = \pi i$$

$$\ln(3 + 4i) = \ln|3 + 4i| + i\arctan\frac{4}{3} = \ln 5 + i\arctan\frac{4}{3}$$

$$\mathrm{Ln}(3 + 4i) = \ln 5 + i\arctan\frac{4}{3} + 2k\pi i \quad (k \text{ 为整数})$$

下面讨论对数函数的基本性质.

（1）解析性. 就对数函数主值而言，$\ln|z|$ 除原点外处处连续，由于 $\arg z$ 的定义为 $-\pi < \arg z \leqslant \pi$，若设 $z = x + iy$，则当 $x < 0$ 时，有 $\lim\limits_{y \to 0^-} \arg z = -\pi$，$\lim\limits_{y \to 0^+} \arg z = \pi$，所以，对数函数在除去原点及负实轴外，在复平面上解析. $\ln z$ 为单值函数，而 $\mathrm{Ln}\, z$ 为多值函数.

（2）其运算法则类似于实变函数.

设 $z_1 \neq 0$，$z_2 \neq 0$，则 $\mathrm{Ln}(z_1 z_2) = \mathrm{Ln}\, z_1 + \mathrm{Ln}\, z_2$，$\mathrm{Ln}\left(\dfrac{z_1}{z_2}\right) = \mathrm{Ln}\, z_1 - \mathrm{Ln}\, z_2$.

事实上，有
$$\begin{aligned}
\mathrm{Ln}(z_1 z_2) &= \ln|z_1 z_2| + i\mathrm{Arg}(z_1 z_2) \\
&= \ln|z_1| + i\mathrm{Arg}\, z_1 + \ln|z_2| + i\mathrm{Arg}\, z_2 \\
&= \mathrm{Ln}\, z_1 + \mathrm{Ln}\, z_2
\end{aligned}$$

$$\begin{aligned}
\mathrm{Ln}\left(\frac{z_1}{z_2}\right) &= \mathrm{Ln}\left|\frac{z_1}{z_2}\right| + i\mathrm{Arg}\left(\frac{z_1}{z_2}\right) \\
&= \mathrm{Ln}|z_1| + i\mathrm{Arg}(z_1) - \mathrm{Ln}|z_2| - i\mathrm{Arg}(z_2) \\
&= \mathrm{Ln}\, z_1 - \mathrm{Ln}\, z_2
\end{aligned}$$

以上两个等式理解为：当以上两个等式中每一式右端的对数取其一个分支所确定的值后，左端也一定有一个分支的值与之相等. 因此，$\mathrm{Ln}\, z^n = n\mathrm{Ln}\, z$ 一般不成立，这是因为有限个无穷集合相加不一定是对应部分相加. 当 $z_1 = z_2 = z$ 时，$\mathrm{Ln}\left(\dfrac{z_1}{z_2}\right) = \mathrm{Ln}\, z - \mathrm{Ln}\, z \neq 0$，这是因

为两个无穷集合相减，不一定是对应部分相减.

2.3.3 幂函数

定义2.5 对于任意复常数 α，称函数 $w = z^\alpha = e^{\alpha \mathrm{Ln} z}(z \neq 0)$ 为幂函数.

由于 $\mathrm{Ln} z$ 是多值函数，因此幂函数一般也为多值函数，即

$$z^\alpha = e^{\alpha(\ln|z|+i\mathrm{Arg}\,z)} = e^{\alpha\ln|z|+i\alpha\arg z+2k\pi\alpha i} = |z|^\alpha e^{i\alpha\arg z+2k\pi\alpha i} \quad (k = 0, \ \pm 1, \ \pm 2, \cdots)$$

同时，由于幂函数是指数函数与对数函数的复合函数，因此具有它们的性质. 但需要掌握幂函数的以下几种情况.

1）当 $\alpha = n$（n 为整数）时，$w = z^\alpha = z^n = e^{n\mathrm{Ln} z} = |z|^n e^{in\arg z}$ 为复平面上的单值函数.

2）当 $\alpha = \dfrac{1}{n}$（$n > 1$ 为正整数）时，有

$$w = z^\alpha = z^{\frac{1}{n}} = \sqrt[n]{z} = e^{\frac{1}{n}\mathrm{Ln} z} = |z|^{\frac{1}{n}} e^{i\frac{\arg z+2k\pi}{n}}$$

上式只有在 $k = 0, 1, 2, \cdots, n-1$ 时才取不同的值. 由于对数函数 $\mathrm{Ln} z$ 的各分支在复平面上除去 $z=0$ 及负实轴的区域内解析，从而 $e^{\frac{1}{n}\mathrm{Ln} z}$ 在复平面上除去 $z=0$ 及负实轴的区域内解析，并且

$$(z^{\frac{1}{n}})' = (\sqrt[n]{z})' = (e^{\frac{1}{n}\mathrm{Ln} z})' = \frac{1}{n}z^{\frac{1}{n}-1}$$

（3）当 $\alpha = \dfrac{m}{n}$ 为有理数（其中 $\dfrac{m}{n}$ 为既约分数）时，有

$$z^\alpha = e^{\frac{m}{n}\mathrm{Ln} z} = |z|^{\frac{m}{n}} e^{i\frac{m}{n}\mathrm{Arg}\,z+i\frac{m}{n}2k\pi} \quad (k = 0, 1, \cdots, n-1)$$

上式是一个 n 值函数，记为 $\sqrt[n]{z^m}$，它的各分支在复平面上除去 $z=0$ 及负实轴的区域内解析，且 $(z^{\frac{m}{n}})' = \dfrac{m}{n}z^{\frac{m}{n}-1}$.

（4）当 α 为无理数或任意复数（以上三种情况除外）时，有

$$z^\alpha = e^{\alpha \mathrm{Ln} z} = |z|^\alpha e^{i\alpha(\arg z+2k\pi)} \quad (k \text{ 为整数})$$

而 $2\alpha k\pi$ 对于不同的 k 不可能关于 2π 是同余的（否则 α 就是有理数了），所以 z^α 是无穷多值函数，并且它的各个分支在复平面上除去 $z=0$ 及负实轴的区域内是解析的，且 $(z^\alpha)' = \alpha z^{\alpha-1}$.

例2.7 求 i^i 和 2^{1+i} 的值.

解 $i^i = e^{i\mathrm{Ln} i} = e^{i(2k+\frac{1}{2})\pi i} = e^{-(2k+\frac{1}{2})\pi}$，$(k = 0, \ \pm 1, \ \pm 2, \cdots)$，其主值为 $e^{-\frac{\pi}{2}}$.

$$2^{1+i} = e^{(1+i)\mathrm{Ln} 2} = e^{(1+i)[\ln 2+i(\arg 2+2k\pi)]} = e^{\ln 2+i2k\pi+i\ln 2-2k\pi}$$

$$= e^{\ln 2-2k\pi+i(2k\pi+\ln 2)} = 2e^{-2k\pi}[\cos(\ln 2) + i\sin(\ln 2)] \quad (k = 0, \ \pm 1, \ \pm 2, \cdots)$$

2.3.4 三角函数与双曲函数

由欧拉公式

$$e^{ix} = \cos x + i\sin x, \quad e^{-ix} = \cos x - i\sin x$$

两式相加与相减，可得

$$\sin x = \frac{e^{ix} - e^{-ix}}{2i}, \quad \cos x = \frac{e^{ix} + e^{-ix}}{2}$$

由此推广到复数三角函数.

定义 2.6 对于任意复数 $z = x + iy$，$\sin z = \dfrac{e^{iz} - e^{-iz}}{2i}$，$\cos z = \dfrac{e^{iz} + e^{-iz}}{2}$ 所规定的函数，分别称为 z 的正弦函数和余弦函数.

下面讨论正弦函数和余弦函数的性质.

（1）对任意的复数 z，$\cos z + i\sin z = e^{iz}$ 成立.

（2）$\sin z$，$\cos z$ 都是以 2π 为基本周期.

因为 e^{iz}、e^{-iz} 都是以 2π 为基本周期，所以根据正弦函数和余弦函数的定义，$\sin z$、$\cos z$ 都是以 2π 为基本周期.

（3）$\sin z$ 是奇函数，$\cos z$ 是偶函数. 因为

$$\sin(-z) = \frac{e^{-iz} - e^{iz}}{2i} = -\frac{e^{iz} - e^{-iz}}{2i} = -\sin z$$

同理有 $\cos(-z) = \cos z$.

（4）类似于实变函数的各种三角恒等式仍然成立.

例如

$$\sin(z_1 + z_2) = \sin z_1 \cos z_2 + \cos z_1 \sin z_2$$
$$\cos(z_1 + z_2) = \cos z_1 \cos z_2 - \sin z_1 \sin z_2$$
$$\cos^2 z + \sin^2 z = 1$$

（5）$|\sin z|$、$|\cos z|$ 都是无界函数.

因为

$$|\cos z| = \left| \frac{e^{iz} + e^{-iz}}{2} \right| = \left| \frac{e^{i(x+iy)} + e^{-i(x+iy)}}{2} \right| = \frac{1}{2} |e^{-y}e^{ix} + e^{y}e^{-ix}| \geqslant \frac{1}{2} |e^{y} - e^{-y}| \xrightarrow{|y| \to \infty} \infty$$

所以 $|\cos z|$ 是无界的，同样，$|\sin z|$ 也是无界的.

注意，在复数范围内，$|\sin z| \leqslant 1$、$|\cos z| \leqslant 1$ 不再成立，例如

$$|\cos 2i| = \left| \frac{e^{-2} + e^{2}}{2} \right| > 1, \quad |\sin 2i| = \left| \frac{e^{-2} - e^{2}}{2i} \right| > 1$$

（6）解析性. $(\sin z)' = \cos z$，$(\cos z)' = -\sin z$，所以 $\sin z$、$\cos z$ 在全平面解析.

事实上，因为指数函数在整个 z 平面上解析，所以 $\sin z$、$\cos z$ 在整个 z 平面上解析，且有

$$(\sin z)' = \left(\frac{e^{iz} - e^{-iz}}{2i} \right)' = \frac{(e^{iz})' - (e^{-iz})'}{2i} = \frac{e^{iz} + e^{-iz}}{2} = \cos z$$

$$(\cos z)' = \left(\frac{e^{iz} + e^{-iz}}{2} \right)' = \frac{(e^{iz})' + (e^{-iz})'}{2}$$

$$= i\frac{e^{iz} - e^{-iz}}{2} = -\frac{e^{iz} - e^{-iz}}{2i} = -\sin z$$

与三角函数联系密切的是双曲函数.

定义 2.7　由关系式 $\sinh z = \dfrac{e^z - e^{-z}}{2}$, $\cosh z = \dfrac{e^z + e^{-z}}{2}$ 定义的函数为双曲正弦函数与双曲余弦函数（sinh 也可写作 sh, cosh 也可写作 ch）.

由定义 2.7 不难得到双曲函数与三角函数之间的关系：

$$\sin iz = i\sinh z, \quad \cos iz = \cosh z, \quad \sinh iz = i\sin z, \quad \cosh iz = \cos z$$

与三角函数的性质类似可得双曲正弦函数和双曲余弦函数的性质.

（1）$\sinh z$、$\cosh z$ 在全平面解析且有

$$(\sinh z)' = \cosh z, \ (\cosh z)' = \sinh z$$

（2）$\sinh z$、$\cosh z$ 都是以 $2\pi i$ 为基本周期.

（3）$\sinh z$ 是奇函数，$\cosh z$ 是偶函数.

（4）在复平面上有如下关系：

$$\sinh(z_1 + z_2) = \sinh z_1 \cosh z_2 + \cosh z_1 \sinh z_2$$
$$\cosh(z_1 + z_2) = \cosh z_1 \cosh z_2 + \sinh z_1 \sinh z_2$$
$$\cosh^2 z - \sinh^2 z = 1$$

例 2.8　计算 $\sin(1 + 2i)$ 的值.

解　$\sin(1 + 2i) = \sin 1 \cdot \cos 2i + \cos 1 \cdot \sin 2i = \sin 1 \cdot \cosh 2 + i\cos 1 \cdot \sinh 2$

$$= \frac{1}{2}\left[(e^2 + e^{-2})\sin 1 + i(e^2 - e^{-2})\cos 1\right]$$

例 2.9　试求方程 $\sin z + \cos z = 0$ 的全部解.

解　由 $\sin z + \cos z = 0$ 得

$$\frac{\sqrt{2}}{2}\sin z + \frac{\sqrt{2}}{2}\cos z = 0 \Rightarrow \sin\left(z + \frac{\pi}{4}\right) = 0$$

因此有 $z + \dfrac{\pi}{4} = k\pi \Rightarrow z_k = k\pi - \dfrac{\pi}{4}$　$(k = 0, \ \pm 1, \ \pm 2, \cdots)$.

2.3.5　反三角函数与反双曲函数

反三角函数定义为三角函数的反函数，由于三角函数是由指数函数来表达的，因此，它的反函数与对数函数有关.

定义 2.8　设 $z = \cos w$，则称 w 为 z 的反余弦函数，记为 $w = \text{Arccos } z$.

由 $z = \cos w = \dfrac{1}{2}(e^{iw} + e^{-iw})$，得 e^{iw} 的二次方程：$e^{2iw} - 2ze^{iw} + 1 = 0$. 它的根为

$$e^{iw} = z + \sqrt{z^2 - 1}$$

其中 $\sqrt{z^2 - 1}$ 理应理解为双值函数，因此两端取对数，得

$$\text{Arccos } z = -i\text{Ln}(z + \sqrt{z^2 - 1})$$

显然 Arccos z 是一个多值函数，同样可以定义反正弦函数和反正切函数：

$$\text{Arcsin } z = - i\text{Ln}(iz + \sqrt{1 - z^2})$$

$$\text{Arctan } z = - \frac{1}{2}\text{Ln} \frac{1 + iz}{1 - iz}$$

类似地，反双曲函数定义为双曲函数的反函数，它们的表达式可以定义为如下形式.

定义 2.9　反双曲正弦　$\text{Arsinh } z = \text{Ln}(z + \sqrt{z^2 + 1})$；

反双曲余弦　$\text{Arcosh } z = \text{Ln}(z + \sqrt{z^2 - 1})$；

反双曲正切　$\text{Artanh } z = \frac{i}{2}\text{Ln} \frac{1 + iz}{1 - iz}$.

由以上反双曲函数的表达式可知，它们都是无穷多值函数.

习题 2

1. 利用导数定义推出：

(1) $(z^n)' = nz^{n-1}$（n 为正整数）；

(2) $\left(\frac{1}{z}\right)' = -\frac{1}{z^2}$.

2. 判断下列函数在何处可导，在何处解析？

(1) $f(z) = 2x^3 + 3y^3 i$；

(2) $f(z) = (x - y)^2 + 2(x + y)i$；

(3) $f(z) = xy^2 + x^2 yi$；

(4) $f(z) = \sin x\cosh y + i\cos x\sinh y$.

3. 指出下列函数的解析性区域，并求出其导数：

(1) $(z - 2)^3$；　　　　　　　(2) $z^2 + i5z$；

(3) $\frac{1}{z^2 + 1}$；　　　　　　　(4) $\frac{az + b}{cz + d}$（c、d 中至少一个不为0）.

4. 求下列函数的奇点：

(1) $\frac{z + 1}{z(z^2 - 1)}$；　　　　　　(2) $\frac{z - 2}{(z - 1)^2(z^2 + 1)}$.

5. 判断下列命题的真假：

(1) 如果 $f(z)$ 连续，那么 $f'(z_0)$ 存在；

(2) 若 $f'(z)$ 在区域 D 内处处为零，则 $f(z)$ 在 D 内必恒为常数；

(3) 若 $f(z)$ 在 z_0 点不解析，则 $f(z)$ 在 z_0 点必不可导；

(4) 函数 $f(z) = u(x, y) + iv(x, y)$ 在点 $z_0 = x_0 + iy_0$ 可微等价于 $u(x, y)$ 和 $v(x, y)$ 在点 (x_0, y_0) 可微；

(5) $|\sin z| \leqslant 1$；

(6) 对于任意的复数 z、整数 n，等式 $\text{Ln } z^n = n\text{Ln } z$ 不再成立.

6. 设 $my^3 + 3x^2y + i(px^3 + qxy^2)$ 为解析函数，试确定 m、p、q.

7. 证明柯西–黎曼方程的极坐标形式是：

$$\frac{\partial u}{\partial r} = \frac{1}{r}\frac{\partial v}{\partial \theta}, \quad \frac{\partial v}{\partial r} = -\frac{1}{r}\frac{\partial u}{\partial \theta}.$$

8. 下列关系是否正确？若正确请证明，若不正确请给出反例.

(1) $\overline{e^z} = e^{\bar{z}}$;　　　(2) $\overline{\cos z} = \cos \bar{z}$;　　　(3) $\overline{\sin z} = \sin \bar{z}$.

9. 求解下列方程：

1) $e^{2iz} = 1$;　　　　　(2) $e^z + 3 - 4i = 0$;

3) $\cos z = 0$;　　　　　(4) $\cos z + \sin z = 2$.

10. 证明如下等式：

(1) $\sin(z_1 + z_2) = \sin z_1 \cos z_2 + \cos z_1 \sin z_2$;

(2) $\cos(z_1 + z_2) = \cos z_1 \cos z_2 - \sin z_1 \sin z_2$;

(3) $\cos^2 z + \sin^2 z = 1$.

11. 求下列各值和它们的主值：

(1) $\mathrm{Ln}(-i)$;　　　(2) $\mathrm{Ln}(1 + i)$.

12. 求 $(-3)^{\sqrt{5}}$, $e^{1-\frac{\pi}{2}i}$, $(1+i)^{1-i}$ 的一切值.

13. 说明下列等式是否正确：

(1) $\mathrm{Ln}\, z^2 = 2\mathrm{Ln}\, z$;

(2) $\mathrm{Ln}\sqrt{z} = \frac{1}{2}\mathrm{Ln}\, z$.

14. 计算下列各值：

(1) $\cos(\pi + 5i)$;　　　(2) $\tan(3 - i)$;

(3) $\sinh(2i)$;　　　　　(4) $\mathrm{Arccos}\left(\frac{1}{2}\right)$.

15. 证明：双曲余弦函数 $\cosh z$ 的反函数 $\mathrm{Arcosh}\, z = \mathrm{Ln}(z + \sqrt{z^2 - 1})$.

第 3 章

复变函数的积分

在微积分学中，微分法和积分法是研究函数性质的重要方法. 同样，在复变函数中，积分法和微分法一样是研究解析函数的重要工具. 解析函数的很多重要性质都是通过解析函数的积分得到的.

在本章中，首先引进复变函数积分的概念、性质和计算方法，其次介绍关于解析函数积分的柯西-古萨基本定理及其推论——复合闭路定理. 接着建立柯西积分公式，它和柯西-古萨基本定理是研究解析函数性质的重要理论基础. 在此基础上，得到解析函数的导数仍是解析函数，从而得到高阶导数公式. 最后讨论解析函数和调和函数的关系.

本章内容与实变量二元函数有紧密联系，特别是二元函数的第二类曲线积分的概念、性质和计算方法，全微分、积分与路径无关的问题，格林公式等. 所以希望读者能结合本章的学习适当复习微积分的相关知识，进一步加深对它们的理解和运用.

3.1 复积分的概念和计算

3.1.1 复积分的概念

设 C：$\begin{cases} x = x(t) \\ y = y(t) \end{cases} (\alpha \leqslant t \leqslant \beta)$，$x'(t)$、$y'(t) \in C[\alpha, \beta]$，且 $[x'(t)]^2 + [y'(t)]^2 \neq 0$

则 C：$z(t) = x(t) + iy(t)(\alpha \leqslant t \leqslant \beta)$ 为平面上给定的一条光滑（或分段光滑）曲线，如果选定 C 的两个可能方向中的一个作为正方向，那么我们就把 C 理解为带有方向的曲线，称为有向曲线. 设曲线 C 的两个端点为 A 与 B，如果把从 A 到 B 的方向作为 C 的正方向，那么从 B 到 A 的方向就是 C 的负方向，并记作 C^-. 关于简单闭曲线的正方向是指当曲线上的点 P 顺此方向沿该曲线前进时，邻近 P 点的曲线内部始终位于 P 点的左方；与之相反的方向则定义为曲线的负方向.

定义 3.1　设函数 $w = f(z)$ 定义在区域 D 上，C 为在区域 D 内起点为 A 终点为 B 的一条光滑的有向曲线，把曲线 C 任意分成 n 个弧段，设分点为

$$A = z_0, \ z_1, \ z_2, \ \cdots, \ z_{k-1}, \ z_k, \ \cdots, \ z_n = B$$

在每个弧段 $\widehat{z_{k-1}z_k}(k = 1, \ 2, \ \cdots, \ n)$ 上任意取一点 ζ_k（见图 3.1），并作出和式

$$s_n = \sum_{k=1}^{n} f(\zeta_k)(z_k - z_{k-1}) = \sum_{k=1}^{n} f(\zeta_k) \Delta z_k$$

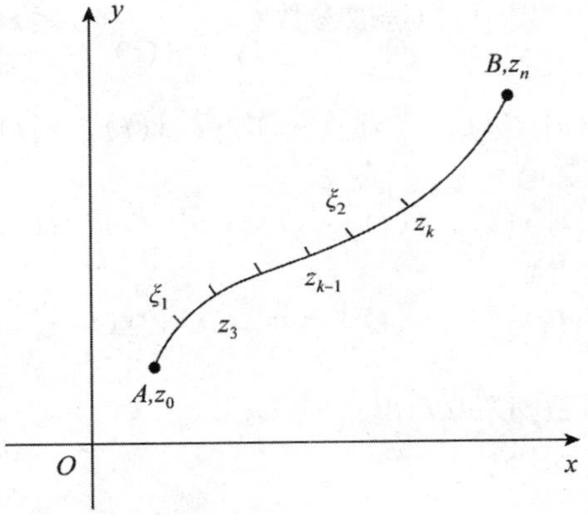

图 3.1　曲线分划

这里 $\Delta z_k = z_k - z_{k-1}$. 记 $\Delta s_k = z_{k-1}z_k$ 的长度，$\delta = \max\limits_{1 \leq k \leq n}\{\Delta s_k\}$. 当 n 无限增加，且 δ 趋于零时，如果不论对 C 的分法及 ζ_k 的取法如何，s_n 有唯一极限，那么称这极限值为函数 $f(z)$ 沿曲线 C 的积分，记作

$$\int_C f(z)\,\mathrm{d}z = \lim_{\delta \to 0} \sum_{k=1}^{n} f(\zeta_k) \Delta z_k \tag{3.1}$$

如果 C 为闭曲线，那么沿此闭曲线的积分记作 $\oint_C f(z)\,\mathrm{d}z$.

3.1.2　复积分存在的条件和计算方法

设 $z = z(t) = x(t) + iy(t)$，$\alpha \leq t \leq \beta$. 如果 $f(z) = u(x, \ y) + iv(x, \ y)$ 在 D 上处处连续，那么 $u(x, \ y)$ 及 $v(x, \ y)$ 均为 D 上的连续函数.

设 $\zeta_k = \xi_k + i\eta_k$，由于

$$\begin{aligned}\Delta z_k = z_k - z_{k-1} &= x_k + iy_k - (x_{k-1} + iy_{k-1}) \\ &= (x_k - x_{k-1}) + i(y_k - y_{k-1}) = \Delta x_k + i\Delta y_k\end{aligned}$$

所以

$$\sum_{k=1}^{n} f(\zeta_k) \Delta z_k = \sum_{k=1}^{n} [u(\xi_k, \ \eta_k) + iv(\xi_k, \ \eta_k)](\Delta x_k + i\Delta y_k)$$

$$= \sum_{k=1}^{n} [u(\xi_k, \ \eta_k)\Delta x_k - v(\xi_k, \ \eta_k)\Delta y_k] + i\sum_{k=1}^{n} [v(\xi_k, \ \eta_k)\Delta x_k + u(\xi_k, \ \eta_k)\Delta y_k]$$

上式两边取极限可得

$$\lim_{\delta \to 0} \sum_{k=1}^{n} f(\zeta_k) \Delta z_k = \int_C f(z) \mathrm{d}z = \int_C u \mathrm{d}x - v \mathrm{d}y + \mathrm{i} \int_C v \mathrm{d}x + u \mathrm{d}y \qquad (3.2)$$

定理 3.1 （复变函数积分存在定理）当函数 $f(z)$ 连续而 C 是光滑曲线时，复积分 $\int_C f(z) \mathrm{d}z$ 存在.

复变函数积分的计算公式：$\int_C f(z) \mathrm{d}z$ 可以通过两个二元实变函数的曲线积分来计算.

由曲线积分的计算方法，我们可以选取参数 $\begin{cases} x = x(t) \\ y = y(t) \end{cases} (\alpha \leqslant t \leqslant \beta)$，代入式 (3.2)，可得

$$\begin{aligned}
\int_C f(z) \mathrm{d}z &= \int_\alpha^\beta \{ u[x(t), y(t)] x'(t) - v[x(t), y(t)] y'(t) \} \mathrm{d}t + \\
&\quad \mathrm{i} \int_\alpha^\beta \{ v[x(t), y(t)] x'(t) + u[x(t), y(t)] y'(t) \} \mathrm{d}t \\
&= \int_\alpha^\beta \{ u[x(t), y(t)] + \mathrm{i}v[x(t), y(t)] \} [x'(t) + \mathrm{i}y'(t)] \mathrm{d}t \\
&= \int_\alpha^\beta f[z(t)] z'(t) \mathrm{d}t \qquad (3.3)
\end{aligned}$$

所以有

$$\int_C f(z) \mathrm{d}z = \int_\alpha^\beta f[z(t)] z'(t) \mathrm{d}t$$

此式从另一角度提供了计算复积分的方法，称为参数方程法.

例 3.1 计算 $\int_C z \mathrm{d}z$，其中 C 为从原点到 $3 + 4\mathrm{i}$ 的直线段.

解 将直线方程写为

$$\begin{cases} x = 3t \\ y = 4t \end{cases} \qquad 0 \leqslant t \leqslant 1$$

则 $z = 3t + \mathrm{i}4t = (3 + 4\mathrm{i})t$，$\mathrm{d}z = (3 + 4\mathrm{i})\mathrm{d}t$，于是

$$\int_C z \mathrm{d}z = \int_0^1 (3 + 4\mathrm{i})^2 t \mathrm{d}t = (3 + 4\mathrm{i})^2 \int_0^1 t \mathrm{d}t = \frac{1}{2}(3 + 4\mathrm{i})^2$$

如果考虑积分路径是由原点到点 $(3, 0)$ 再到点 $(3, 4)$，即 $\int_C z \mathrm{d}z = \int_{C_1} z \mathrm{d}z + \int_{C_2} z \mathrm{d}z$，则计算出的积分值也等于 $\frac{1}{2}(3 + 4\mathrm{i})^2$.

例 3.2 计算 $\int_C \bar{z} \mathrm{d}z$ 的值，其中 C 是：

（1）沿从 $(0, 0)$ 到 $(1, 1)$ 的线段，见图 3.2 (a)；

（2）沿从 $(0, 0)$ 到 $(1, 0)$ 再到 $(1, 1)$ 的折线，见图 3.2 (b).

解 选取参数 $\begin{cases} x = t \\ y = t \end{cases} \qquad 0 \leqslant t \leqslant 1.$

（1）$\int_{C} \bar{z} \mathrm{d}z = \int_{0}^{1} (t - \mathrm{i}t)(1 + \mathrm{i}) \mathrm{d}t = \int_{0}^{1} 2t \mathrm{d}t = 1$；

（2）积分曲线 C 是由 C_1 和 C_2 组成，选取参数 C_1：$\begin{cases} x = t \\ y = 0 \end{cases}$　$0 \leqslant t \leqslant 1$，选取参数 C_2：

$\begin{cases} x = 1 \\ y = t \end{cases}$　$0 \leqslant t \leqslant 1$，则

$$\int_{C} \bar{z} \mathrm{d}z = \int_{C_1} \bar{z} \mathrm{d}z + \int_{C_2} \bar{z} \mathrm{d}z = \int_{0}^{1} t \mathrm{d}t + \int_{0}^{1} (1 - \mathrm{i}t) \mathrm{i} \mathrm{d}t$$

$$= \frac{1}{2} + \left(\frac{1}{2} + \mathrm{i} \right) = 1 + \mathrm{i}$$

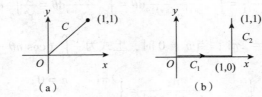

图 3.2　路径示意图

由以上两个例子可以看出，尽管复变函数积分的起点和终点相同，但沿着不同的路径积分，所得到的积分值可以相同（见例 3.1），也可以不同（见例 3.2）.

3.1.3　复积分的基本性质

复积分有如下几个基本性质：

（1）$\int_{C} f(z) \mathrm{d}z = -\int_{C^-} f(z) \mathrm{d}z$；

（2）$\int_{C} k f(z) \mathrm{d}z = k \int_{C} f(z) \mathrm{d}z$，（$k$ 为常数）；

（3）若 C 是由分段光滑曲线 C_1，C_2，…，C_n 组成，则有

$$\int_{C} f(z) \mathrm{d}z = \int_{C_1} f(z) \mathrm{d}z + \int_{C_2} f(z) \mathrm{d}z + \cdots + \int_{C_n} f(z) \mathrm{d}z$$

（4）$\int_{C} [f(z) \pm g(z)] \mathrm{d}z = \int_{C} f(z) \mathrm{d}z \pm \int_{C} g(z) \mathrm{d}z$；

（5）设曲线 C 的长度为 L，函数 $f(z)$ 在 C 上满足 $|f(z)| \leqslant M$，那么

$$\left| \int_{C} f(z) \mathrm{d}z \right| \leqslant \int_{C} |f(z)| \mathrm{d}s \leqslant ML \text{（积分估计值式）}$$

证明　因为 $\left| \sum_{k=1}^{n} f(\zeta_k) \Delta z_k \right| \leqslant \sum_{k=1}^{n} |f(\zeta_k)| \Delta z_k \leqslant \sum_{k=1}^{n} |f(\zeta_k)| \Delta s_k$，两边同时取极限，可得

$$\left| \int_{C} f(z) \mathrm{d}z \right| \leqslant \int_{C} |f(z)| \mathrm{d}s \leqslant M \int_{C} \mathrm{d}s = ML$$

例 3.3　证明 $\left| \int_{C} (x^2 + \mathrm{i}y^2) \mathrm{d}z \right| \leqslant \pi$，$C$ 为连接点 $-\mathrm{i}$ 到 i 的右半圆周.

证明 因为 $x^2 + y^2 = 1$ 也在 C 上，而 $|x^2 + \mathrm{i}y^2| = \sqrt{x^4 + y^4} \leqslant x^2 + y^2$，故在 C 上有 $|x^2 + \mathrm{i}y^2| \leqslant 1$，而 C 的长度为 π，由性质（5）可知 $\left| \int_C f(z)\mathrm{d}z \right| \leqslant \int_C |f(z)\mathrm{d}s| \leqslant ML$（在 C 上有 $|f(z)| \leqslant M$，L 为 C 的长度），所以有 $\left| \int_C (x^2 + \mathrm{i}y^2)\mathrm{d}z \right| \leqslant \int |x^2 + \mathrm{i}y^2|\mathrm{d}s \leqslant \int_C 1 \cdot \mathrm{d}s = \pi$，即原结论成立.

例 3.4 计算 $\oint_C \dfrac{\mathrm{d}z}{(z - z_0)^{n+1}}$，其中 C 是以 z_0 为圆心、r 为半径的正向圆周，n 为整数.

解 取 $z = z_0 + r\mathrm{e}^{\mathrm{i}\theta}$，$0 \leqslant \theta \leqslant 2\pi$，则

$$\oint_C \frac{\mathrm{d}z}{(z - z_0)^{n+1}} = \int_0^{2\pi} \frac{\mathrm{i}r\mathrm{e}^{\mathrm{i}\theta}}{r^{n+1}\mathrm{e}^{\mathrm{i}(n+1)\theta}}\mathrm{d}\theta = \int_0^{2\pi} \frac{\mathrm{i}}{r^n \mathrm{e}^{\mathrm{i}n\theta}}\mathrm{d}\theta = \frac{\mathrm{i}}{r^n}\int_0^{2\pi} \mathrm{e}^{-\mathrm{i}n\theta}\mathrm{d}\theta$$

当 $n = 0$ 时，上式为 $\mathrm{i}\int_0^{2\pi}\mathrm{d}\theta = 2\pi\mathrm{i}$；当 $n \neq 0$ 时，上式为 $\dfrac{\mathrm{i}}{r^n}\int_0^{2\pi}(\cos n\theta - \mathrm{i}\sin n\theta)\mathrm{d}\theta = 0$. 所以

$$\oint_{|z-z_0|=r} \frac{\mathrm{d}z}{(z - z_0)^{n+1}} = \begin{cases} 2\pi\mathrm{i} & n = 0 \\ 0 & n \neq 0 \end{cases}$$

这个例子的结果以后经常要用到，它的特点是积分值与积分路线圆周的中心和半径无关，应牢记.

3.2 柯西-古萨定理

从上一节的例子可见，有的积分与路径无关，有的积分却与路径有关，我们自然会想到，在什么条件下，积分与路径无关呢?

既然复变函数积分可以转化为实变函数的曲线积分，并且大家知道，实变函数的曲线积分 $\int_C P(x, y)\mathrm{d}x + Q(x, y)\mathrm{d}y$ 在单连通区域 D 内与路径 C 无关（只与起点终点有关），它等价于沿 D 内任意一条闭曲线的积分值为零. 只要函数 $P(x, y)$、$Q(x, y)$ 在 D 内具有连续的一阶偏导数，且满足 $\dfrac{\partial P}{\partial y} = -\dfrac{\partial Q}{\partial x}$，则积分与路径无关，这个结论对复变函数也完全成立. 研究复积分与路径无关的条件也可以归结为研究沿任意简单闭曲线积分为零的条件. 法国数学家柯西于 1825 年解决了这个问题，之后古萨给出证明，因此人们称之为柯西-古萨定理，它是复变函数解析理论的基石.

3.2.1 柯西-古萨定理

定理 3.2 （柯西-古萨定理）如果函数 $f(z)$ 在单连通区域 D 内处处解析，则其沿 D 内任意一条闭曲线的积分值为零：$\oint_C f(z)\mathrm{d}z = 0$，其中 C 为 D 内的任意一条闭曲线.

证明 不妨设 $f'(z) \neq 0$，且在 D 内连续，则

$$f'(z) = \frac{\partial u}{\partial x} + i\frac{\partial v}{\partial x} = \frac{\partial v}{\partial y} - i\frac{\partial u}{\partial y}$$

所以 u、v 及其偏导数连续，且满足 C-R 条件，又因此 $\oint_C f(z)\,dz = \oint_C u\,dx - v\,dy + i\oint_C v\,dx + u\,dy$，根据格林公式有

$$\oint_C u\,dx - v\,dy = \iint_G \left(-\frac{\partial v}{\partial x} - \frac{\partial u}{\partial y}\right)dx\,dy = \iint_G \left(\frac{\partial u}{\partial y} - \frac{\partial u}{\partial y}\right)dx\,dy = 0$$

$$\oint_C v\,dx + u\,dy = \iint_G \left(\frac{\partial u}{\partial x} - \frac{\partial v}{\partial y}\right)dx\,dy = \iint_G \left(\frac{\partial v}{\partial y} - \frac{\partial v}{\partial y}\right)dx\,dy = 0$$

式中，G 为曲线 C 围成的域，且满足 $\partial G = C$. 所以有 $\oint_C f(z)\,dz = 0$.

定理 3.2 中的曲线 C 可以不是简单曲线，这个定理又称柯西积分定理，且有如下推论.

推论 3.1　设函数 $f(z)$ 在单连通区域 D 内解析，则积分 $\int_C f(z)\,dz$ 仅与曲线 C 的起点和终点有关，而与积分的路径无关.

推论 3.2　设 C 是单连通区域 D 的边界，函数 $f(z)$ 在单连通区域 D 内解析，在 C 上连续，则 $\oint_C f(z)\,dz = 0$.

3.2.2　原函数与不定积分

由推论 3.1，我们定义函数 $F(z) = \int_{z_0}^{z} f(\zeta)\,d\zeta$，对这个积分有下述定理.

定理 3.3　设函数 $f(z)$ 在单连通区域 D 内解析，则 $F(z) = \int_{z_0}^{z} f(\zeta)\,d\zeta$ 在 D 内解析，且 $F'(z) = f(z)$.

证明　令 $F(z) = P(x, y) + iQ(x, y)$，$F'(z) = f(z) = u + iv$，因此有 $\frac{\partial P}{\partial x} = u$，$\frac{\partial Q}{\partial x} = v$.

另一方面，$F'(z) = \left[\int_{z_0}^{z} f(z)\,dz\right]' = \left[\int_{(x_0, y_0)}^{(x, y)} u\,dx - v\,dy + i\int_{(x_0, y_0)}^{(x, y)} v\,dx + u\,dy\right]'$，因此，对应有

$P(x, y) = \int_{(x_0, y_0)}^{(x, y)} u\,dx - v\,dy$，$Q(x, y) = \int_{(x_0, y_0)}^{(x, y)} v\,dx + u\,dy$，而积分与路径无关，因而有 $\frac{\partial P}{\partial x} = u$，$\frac{\partial P}{\partial y} = -v$，$\frac{\partial Q}{\partial x} = v$，$\frac{\partial Q}{\partial y} = u \Rightarrow \frac{\partial P}{\partial x} = \frac{\partial Q}{\partial y}$，$\frac{\partial P}{\partial y} = -\frac{\partial Q}{\partial x}$，所以函数 $F(z) = \int_{z_0}^{z} f(\zeta)\,d\zeta$ 在 D 内解析.

定义 3.2　设函数 $f(z)$ 在区域 D 内连续，若 D 内的一个函数 $\Phi(z)$，满足 $\Phi'(z) = f(z)$，则称 $\Phi(z)$ 为 $f(z)$ 的一个原函数，并称原函数的全体为不定积分.

容易证明，若函数 $f(z)$ 在区域 D 内解析，$\Phi(z)$ 是 $f(z)$ 在 D 内的一个原函数，则对任意常数 C，$\Phi(z) + C$ 都是 $f(z)$ 的原函数；而 $f(z)$ 的任一原函数必可表示为 $\Phi(z) + C$，其中 C 是某一常数. 利用这个关系，我们可以推得与牛顿-莱布尼茨公式类似的解析函数的积分计算公式：

$$\int_{z_1}^{z_2} f(z) \, \mathrm{d}z = \Phi(z_2) - \Phi(z_1) \tag{3.4}$$

有了式（3.4），计算复积分就方便了，微积分中求不定积分的一套方法可以移植过来.

例 3.5　计算 $\int_a^b z^n \mathrm{d}z$　　（$n = 0,\ 1,\ 2,\ \cdots$），a、b 均为有限复数.

解　z^n 在复平面内处处解析，所以

$$\int_a^b z^n \mathrm{d}z = \frac{1}{n+1} z^{n+1} \Big|_a^b = \frac{1}{n+1} (b^{n+1} - a^{n+1})$$

3.3　柯西积分定理的推广——复合闭路定理

可以将柯西–古萨定理推广到多连通区域的情况. 设函数 $f(z)$ 在多连通区域 D 内解析，C 为 D 内的任意一条简单闭曲线，如果 C 的内部完全含于 D，从而在 C 上及其内部解析，因此有

$$\oint_C f(z) \, \mathrm{d}z = 0$$

但是，当 C 的内部不完全含于 D 时，我们就不一定有上面的等式，3.1 节中最后一个例子正好说明这一点. 下面将柯西积分定理推广到多连通区域的情形.

定理 3.4　（复合闭路定理）设 C 为多连通区域 D 内的一条简单闭曲线，C_1，C_2，$\cdots$，C_n 是 C 内的 n 条简单闭曲线（见图 3.3），它们的内部互不相交、互不包含，以 C，C_1，C_2，$\cdots$，C_n 为边界的区域，且全含于 D. 如果 $f(z)$ 在区域 D 内解析，则有：

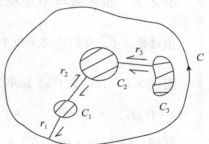

图 3.3　多连通区域

（1）$\oint_\Gamma f(z) \mathrm{d}z = 0$，其中 Γ 为由 C 及 $C_k^-(k = 1, 2, \cdots, n)$ 所组成的复合闭路（其方向是：C 取正向，C_k^- 取负向）；

（2）$\oint_C f(z) \mathrm{d}z = \sum_{k=1}^{n} \oint_{C_k} f(z) \mathrm{d}z$，即沿外路 C 的积分等于内路 C_1，C_2，$\cdots$，C_n 的积分之和，其中，C 及 C_k 均取正向.

证明　取 $n = 3$，作三条辅助曲线 r_1、r_2、r_3，分别将 C、C_1、C_2、C_3 连接起来，则以曲线 $\Gamma = C + r_1 + r_1^- + C_1^- + r_2 + r_2^- + C_2^- + r_3 + r_3^- + C_3^-$ 为边界所围成的区域 D 为单连通区域，由定理 3.2，则有 $\oint_\Gamma f(z) \mathrm{d}z = 0$，即

$$\oint_{C + C_1^- + C_2^- + C_3^-} f(z) \mathrm{d}z = \oint_C f(z) \mathrm{d}z - \oint_{C_1} f(z) \mathrm{d}z - \oint_{C_2} f(z) \mathrm{d}z - \oint_{C_3} f(z) \mathrm{d}z = 0$$

因而有 $\oint_C f(z) \mathrm{d}z = \oint_{C_1} f(z) \mathrm{d}z + \oint_{C_2} f(z) \mathrm{d}z + \oint_{C_3} f(z) \mathrm{d}z$.

该定理说明，在区域内的一个解析函数沿闭曲线的积分，不因闭曲线在区域内作连续变形而改变它的值，只要在变形过程中曲线不经过函数的不解析的点．这一重要事实，又被称为闭路变形原理．

例 3.6　计算 $\oint_C \dfrac{1}{z^2-z}\mathrm{d}z$ 的值，其中 C 是包含圆周 $|z|=1$ 的任何正向简单闭曲线．

解　在 C 内作两个互不包含、互不相交的正向圆周 C_1、C_2，将函数 $f(z)=\dfrac{1}{z^2-z}$ 的两个奇点 $z=1$，$z=0$ 包含．根据复合闭路定理，有

$$\oint_{C+C_1^-+C_2^-}\frac{1}{z^2-z}\mathrm{d}z=0$$

则

$$\oint_C \frac{1}{z^2-z}\mathrm{d}z=\oint_{C_1}\frac{1}{z^2-z}\mathrm{d}z+\oint_{C_2}\frac{1}{z^2-z}\mathrm{d}z$$

而积分

$$\oint_{C_1}\frac{1}{z^2-z}\mathrm{d}z=\oint_{C_1}\frac{1}{z-1}\mathrm{d}z-\oint_{C_1}\frac{1}{z}\mathrm{d}z=2\pi\mathrm{i}-0$$

$$\oint_{C_2}\frac{1}{z^2-z}\mathrm{d}z=\oint_{C_2}\frac{1}{z-1}\mathrm{d}z-\oint_{C_2}\frac{1}{z}\mathrm{d}z=0-2\pi\mathrm{i}$$

所以原积分

$$\oint_C \frac{1}{z^2-z}\mathrm{d}z=2\pi\mathrm{i}-0+0-2\pi\mathrm{i}=0$$

3.4　柯西积分公式

柯西积分公式的作用是将函数在 C 内部的值用它在边界上的值来表示．

设 B 为单连通区域，z_0 为 B 中的一点，如果 $f(z)$ 在 B 内解析，那么积分 $\oint_C\dfrac{f(z)}{z-z_0}\mathrm{d}z$ 一般不为零．

定理 3.5（柯西积分公式）　如果 $f(z)$ 在区域 D 内处处解析，C 为 D 内的任何一条正向简单闭曲线，它的内部完全含于 D，z_0 为包含在 C 内的任一点（见图 3.4），则

$$f(z_0)=\frac{1}{2\pi\mathrm{i}}\oint_C\frac{f(z)}{z-z_0}\mathrm{d}z \tag{3.5}$$

或

$$\oint_C\frac{f(z)}{z-z_0}\mathrm{d}z=2\pi\mathrm{i}f(z_0) \tag{3.6}$$

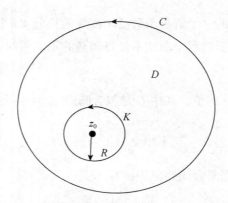

图 3.4   柯西积分公式示意图

证明   由于 $f(z)$ 在 z_0 连续，则任意给定 $\varepsilon > 0$，必有一个 $\delta(\varepsilon) > 0$，当 $|z - z_0| < \delta$ 时，$|f(z) - f(z_0)| < \varepsilon$. 设以 z_0 为中心、R 为半径的圆周 $K: |z - z_0| = R$ 全部在 C 的内部，且 $R < \delta$，那么

$$\oint_C \frac{f(z)}{z - z_0}\mathrm{d}z = \oint_K \frac{f(z)}{z - z_0}\mathrm{d}z = \oint_K \frac{f(z) - f(z_0) + f(z_0)}{z - z_0}\mathrm{d}z = \oint_K \frac{f(z_0)}{z - z_0}\mathrm{d}z + \oint_K \frac{f(z) - f(z_0)}{z - z_0}\mathrm{d}z$$

$$= 2\pi\mathrm{i}f(z_0) + \oint_K \frac{f(z) - f(z_0)}{z - z_0}\mathrm{d}z$$

又有

$$\left| \oint_K \frac{f(z) - f(z_0)}{z - z_0}\mathrm{d}z \right| \leqslant \oint_K \frac{|f(z) - f(z_0)|}{|z - z_0|}\mathrm{d}s < \frac{\varepsilon}{R}\oint_K \mathrm{d}s = 2\pi\varepsilon \xrightarrow{\varepsilon \to 0} 0$$

通过柯西积分公式，就可以把一个函数在 C 内部的值用它在边界上的值来表示.

如果 C 是圆周 $z = z_0 + R\mathrm{e}^{\mathrm{i}\theta}$，那么柯西积分公式成为 $f(z_0) = \frac{1}{2\pi}\int_0^{2\pi} f(z_0 + R\mathrm{e}^{\mathrm{i}\theta})\mathrm{d}\theta$，这个公式又称为平均值公式. 这就是说，一个解析函数在圆心处的值等于它在圆周上的平均值.

例 3.7   求下列积分（沿圆周正向）的值：

(1) $\dfrac{1}{2\pi\mathrm{i}}\displaystyle\int_{|z| = 4} \dfrac{\sin z}{z}\mathrm{d}z$;   (2) $\displaystyle\oint_{|z| = 4} \left(\dfrac{1}{z + 1} + \dfrac{2}{z - 3} \right)\mathrm{d}z$.

解   由柯西积分公式得：

(1) $\dfrac{1}{2\pi\mathrm{i}}\displaystyle\int_{|z| = 4} \dfrac{\sin z}{z}\mathrm{d}z = \sin z \big|_{z = 0} = 0$.

(2) $\displaystyle\oint_{|z| = 4} \left(\dfrac{1}{z + 1} + \dfrac{2}{z - 3} \right)\mathrm{d}z = \oint_{|z| = 4} \dfrac{1}{z + 1}\mathrm{d}z + \oint_{|z| = 4} \dfrac{2}{z - 3}\mathrm{d}z = 2\pi\mathrm{i} \cdot 1 + 2\pi\mathrm{i} \cdot 2 = 6\pi\mathrm{i}$.

3.5   解析函数的高阶导数

一个解析函数不仅有一阶导数、二阶导数，而且有 n 阶导数，它的值也可以用函数在边界上的值通过积分来表示. 这点和实变函数完全不同，一个实变函数在某一区间上可导，连它的导数在这个区域上是否连续都不一定，更不要说它的高阶导数是否存在了.

定理 3.6 解析函数 $f(z)$ 的导数仍为解析函数，它的 n 阶导数为

$$f^{(n)}(z_0) = \frac{n!}{2\pi i} \oint_C \frac{f(z)}{(z - z_0)^{n+1}} dz \quad n = 1, 2, \cdots \tag{3.7}$$

其中 C 为在函数 $f(z)$ 的解析域 D 内围绕 z_0 的任何一条正向简单闭曲线，而且它的内部全含于 D（见图 3.5）.

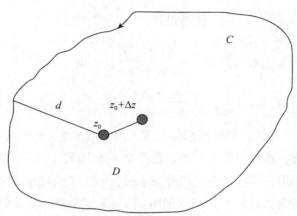

图 3.5 高阶导数示意图

证明 由式（3.5）得

$$f(z_0) = \frac{1}{2\pi i} \oint_C \frac{f(z)}{z - z_0} dz, \qquad f(z_0 + \Delta z) = \frac{1}{2\pi i} \oint_C \frac{f(z)}{z - z_0 - \Delta z} dz$$

从而有

$$\frac{f(z_0 + \Delta z) - f(z_0)}{\Delta z} = \frac{1}{\Delta z} \left[\frac{1}{2\pi i} \oint_C \frac{f(z)}{z - (z_0 + \Delta z)} dz - \frac{1}{2\pi i} \oint_C \frac{f(z)}{z - z_0} dz \right]$$

$$= \frac{1}{2\pi i \Delta z} \oint_C f(z) \left[\frac{1}{z - (z_0 + \Delta z)} - \frac{1}{z - z_0} \right] dz = \frac{1}{2\pi i} \oint_C \frac{f(z)}{(z - z_0)(z - z_0 - \Delta z)} dz$$

因而

$$\frac{f(z_0 + \Delta z) - f(z_0)}{\Delta z} - \frac{1}{2\pi i} \oint_C \frac{f(z)}{(z - z_0)^2} dz = \frac{1}{2\pi i} \oint_C \left[\frac{f(z)}{(z - z_0 - \Delta z)(z - z_0)} - \frac{f(z)}{(z - z_0)^2} \right] dz$$

$$= \frac{1}{2\pi i} \oint_C \frac{\Delta z f(z)}{(z - z_0)^2 (z - z_0 - \Delta z)} dz = I$$

设后一个积分为 I，那么

$$|I| = \frac{1}{2\pi} \left| \oint_C \frac{\Delta z f(z) dz}{(z - z_0)^2 (z - z_0 - \Delta z)} \right| \leqslant \frac{1}{2\pi} \oint_C \frac{|\Delta z| |f(z)| dz}{|z - z_0|^2 |z - z_0 - \Delta z|}$$

因为 $f(z)$ 在 C 上是解析的，所以在 C 上是有界的. 因此可知必存在一个正数 M，使得在 C 上有 $|f(z)| \leqslant M$. 设 d 为从 z_0 到曲线 C 上各点的最短距离，并取 Δz 适当地小，使其满足 $|\Delta z| < \frac{1}{2} d$，那么我们就有

$$|z - z_0|^2 \geqslant d^2, \quad |z - z_0 - \Delta z| \geqslant |z - z_0| - |\Delta z| > \frac{1}{2}d$$

所以 $|I| < |\Delta z| \dfrac{ML}{\pi d^3}$，这里 L 为 C 的长度. 如果 $\Delta z \to 0$，那么 $I \to 0$，从而得

$$f'(z_0) = \lim_{\Delta z \to 0} \frac{f(z_0 + \Delta z) - f(z_0)}{\Delta z} = \frac{1}{2\pi i} \oint_C \frac{f(z)}{(z - z_0)^2} dz$$

同理，有 $\displaystyle\lim_{\Delta z \to 0} \frac{f'(z_0 + \Delta z) - f'(z_0)}{\Delta z}$，便可得到

$$f''(z_0) = \frac{2!}{2\pi i} \oint_C \frac{f(z)}{(z - z_0)^3} dz$$

用数学归纳法可以证明：$f^{(n)}(z_0) = \dfrac{n!}{2\pi i} \oint_C \dfrac{f(z)}{(z - z_0)^{n+1}} dz.$

式（3.7）可以简单记忆：把柯西积分公式，即式（3.5）的两边对 z_0 求 n 阶导数，右边求导在积分号下进行，求导时把被积函数看作是 z_0 的函数，而把 z 看作常数.

高阶求导公式的作用，不在于通过积分来求导，而在于通过求导来求积分.

例 求下列积分的值，其中 C 为正向圆周：$|z| = r > 1$（见图 3.6）.

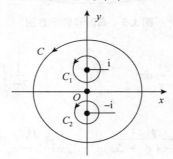

图 3.6 曲线示意图

（1）$\displaystyle\oint_C \frac{\cos \pi z}{(z - 1)^5} dz$；   （2）$\displaystyle\oint_C \frac{e^z}{(z^2 + 1)^2} dz$.

解 （1）函数 $\dfrac{\cos \pi z}{(z - 1)^5}$ 在 C 内的 $z = 1$ 处不解析，但 $\cos \pi z$ 在 C 内却是处处解析的. 根据本节定理 3.6，有

$$\oint_C \frac{\cos \pi z}{(z - 1)^5} dz = \frac{2\pi i}{(5 - 1)!} (\cos \pi z)^{(4)} \big|_{z=1} = -\frac{\pi^5 i}{12}$$

（2）函数 $\dfrac{e^z}{(z^2 + 1)^2}$ 在 C 内的 $z = \pm i$ 处不解析. 在 C 内以 i 为中心作一个正向圆周 C_1，以 $-i$ 为中心作一个正向圆周 C_2，那么函数 $\dfrac{e^z}{(z^2 + 1)^2}$ 在由 C、C_1 和 C_2 所围成的区域中是解析的. 根据复合闭路定理，有

$$\oint_C \frac{e^z}{(z^2+1)^2}dz = \oint_{C_1} \frac{e^z}{(z^2+1)^2}dz + \oint_{C_2} \frac{e^z}{(z^2+1)^2}dz$$

由本节定理 3.6,有

$$\oint_{C_1} \frac{e^z}{(z^2+1)^2}dz = \oint_{C_1} \frac{\dfrac{e^z}{(z+i)^2}}{(z-i)^2}dz = \frac{2\pi i}{(2-1)!}\left[\frac{e^z}{(z+i)^2}\right]'_{z=i} = \frac{(1-i)e^i}{2}\pi$$

同理可得 $\oint_{C_2} \dfrac{e^z}{(z^2+1)^2}dz = \dfrac{(1+i)e^{-i}}{2}\pi$.

所以

$$\oint_C \frac{e^z dz}{(z^2+1)^2} = \frac{\pi}{2}(1-i)(e^i - ie^{-i})$$

$$= \frac{\pi}{2}(1-i)^2(\cos 1 - \sin 1)$$

$$= i\pi\sqrt{2}\sin\left(1 - \frac{\pi}{4}\right)$$

3.6　解析函数与调和函数的关系

解析函数有一些重要性质,前一节,我们证明了在区域 D 内解析的函数,其导数仍为解析函数,因而具有任意阶的导数. 本节利用这个重要结论来研究它与调和函数之间的密切关系,这在理论和实际问题中都有着广泛的应用. 例如在流体力学、电磁学中常常遇到的调和函数,就是构成解析函数实部和虚部的函数. 为此,我们先介绍调和函数和共轭调和函数.

定义 3.3 设 $u(x,y)$ 为二元实变函数,并具有二阶连续偏导数,且满足拉普拉斯方程 $\dfrac{\partial^2 u}{\partial x^2} + \dfrac{\partial^2 u}{\partial y^2} = 0$,则称 $u(x,y)$ 为调和函数;若函数 $u(x,y)$ 和 $v(x,y)$ 都为调和函数,且满足 C-R 条件,则称 $u(x,y)$、$v(x,y)$ 之间互为共轭调和函数.

定理 3.7 如果 $f(z) = u + iv$ 为一解析函数,且 $f'(z) \neq 0$,则曲线族 $u(x,y) = C_1$ 和曲线族 $v(x,y) = C_2$ 必相互正交.

证明 若 u_y、v_y 均不为零时,因为曲线族 $u(x,y) = C_1$ 和曲线族 $v(x,y) = C_2$ 中任一条曲线的斜率分别为 $-\dfrac{u_x}{u_y}$ 和 $-\dfrac{v_x}{v_y}$,利用 C-R 条件,即 $\dfrac{\partial u}{\partial x} = \dfrac{\partial v}{\partial y}$, $\dfrac{\partial u}{\partial y} = -\dfrac{\partial v}{\partial x}$ 或 $u_x = v_y$, $u_y = -v_x$,可得 $\left(-\dfrac{u_x}{u_y}\right)\left(-\dfrac{v_x}{v_y}\right) = -\dfrac{v_y}{u_y}\cdot\dfrac{u_y}{v_y} = -1$,因此,曲线族 $u(x,y) = C_1$ 和曲线族 $v(x,y) = C_2$ 相互正交,当 u_y、v_y 其中一个为零时,请读者自行讨论,证毕!

下面定理说明了解析函数和调和函数的关系.

定理 3.8 解析函数的实部和虚部为调和函数,且互为共轭调和函数.

证明 设 $f(z) = u + \mathrm{i}v$ 为一解析函数，则必有

$$\frac{\partial u}{\partial x} = \frac{\partial v}{\partial y}, \quad \frac{\partial u}{\partial y} = -\frac{\partial v}{\partial x}$$

上面的等式两边同时对 x、y 求导，可得

$$\frac{\partial^2 u}{\partial x^2} = \frac{\partial^2 v}{\partial y \partial x}, \quad \frac{\partial^2 u}{\partial y^2} = -\frac{\partial^2 v}{\partial x \partial y}$$

然后将上面两个等式相加，得

$$\frac{\partial^2 u}{\partial x^2} + \frac{\partial^2 u}{\partial y^2} = \frac{\partial^2 v}{\partial x \partial y} - \frac{\partial^2 v}{\partial y \partial x}$$

因为 $u(x, y)$ 和 $v(x, y)$ 连续、可微，所以 $\frac{\partial^2 v}{\partial x \partial y} = \frac{\partial^2 v}{\partial y \partial x}$，因此有 $\frac{\partial^2 u}{\partial x^2} + \frac{\partial^2 u}{\partial y^2} = 0$，即满足拉普拉斯方程，所以 $u(x, y)$ 为调和函数.

同理，也可证 $\frac{\partial^2 v}{\partial x^2} + \frac{\partial^2 v}{\partial y^2} = 0$，因而 $v(x, y)$ 也为调和函数. 而 $u(x, y)$、$v(x, y)$ 满足 C-R 条件，所以 $u(x, y)$、$v(x, y)$ 互为共轭调和函数.

若已知解析函数的实部和虚部为调和函数，且互为共轭调和函数，如何在已知其中的一个调和函数时，求另一个共轭调和函数，以及对应的解析函数？

例 3.8 已知 $u(x, y) = y^3 - 3x^2 y$，证明 u 为调和函数，求共轭调和函数 $v(x, y)$ 及对应的解析函数 $f(z) = u + \mathrm{i}v$.

解法一 因为 $f(z) = u(x, y) + \mathrm{i}v(x, y)$ 解析，由 C-R 条件，有

$$\frac{\partial v}{\partial y} = \frac{\partial u}{\partial x} = -6xy, \quad \frac{\partial v}{\partial x} = -\frac{\partial u}{\partial y} = 3x^2 - 3y^2, \quad \frac{\partial^2 u}{\partial x^2} = -6y, \quad \frac{\partial^2 u}{\partial y^2} = 6y$$

所以 $\frac{\partial^2 u}{\partial x^2} + \frac{\partial^2 u}{\partial y^2} = -6y + 6y = 0$，所以 u 为调和函数. 要求共轭调和函数 $v(x, y)$，由全微分的定义，有

$$\mathrm{d}v = (3x^2 - 3y^2)\mathrm{d}x - 6xy\mathrm{d}y$$

因为

$$\mathrm{d}v = v_x \mathrm{d}x + v_y \mathrm{d}y \rightarrow v(x, y) = \int_{(0, 0)}^{(x, y)} v_x \mathrm{d}x + v_y \mathrm{d}y + c$$

其中 c 为实常数，于是

$$v(x, y) = \int_{(0, 0)}^{(x, y)} (3x^2 - 3y^2)\mathrm{d}x - 6xy\mathrm{d}y + c = x^3 - 3xy^2 + c$$

从而所求的解析函数为

$$f(z) = y^3 - 3x^2 y + \mathrm{i}(x^3 - 3xy^2 + c) = \mathrm{i}[x^3 + 3x^2(\mathrm{i}y) + 3x(\mathrm{i}y)^2 + (\mathrm{i}y)^3 + c] = \mathrm{i}(z^3 + c)$$

解法二 由 $\frac{\partial v}{\partial y} = \frac{\partial u}{\partial x} = -6xy$，得

$$v(x, y) = \int \frac{\partial v}{\partial y}\mathrm{d}y = \int -6xy\mathrm{d}y = -3xy^2 + \varphi(x)$$

于是由 $\dfrac{\partial v}{\partial x} = -3y^2 + \varphi'(x) = 3x^2 - 3y^2 = -\dfrac{\partial u}{\partial y}$，得 $\varphi'(x) = 3x^2$，于是 $\varphi(x) = x^3 + c$.

从而 $v(x, y) = -3xy^2 + x^3 + c$，因此

$$
\begin{aligned}
f(z) &= y^3 - 3x^2 y + i(x^3 - 3xy^2 + c) \\
&= i\left[x^3 + 3x^2(iy) + 3x(iy)^2 + (iy)^3 + c \right] \\
&= i(x + iy)^3 + ic \\
&= iz^3 + ic \\
&= i(z^3 + c)
\end{aligned}
$$

这种方法称为偏积分法.

解法三　因为 $f(z) = u(x, y) + iv(x, y)$ 解析，所以

$$
f'(z) = \frac{\partial u}{\partial x} + i\frac{\partial v}{\partial x} = \frac{\partial v}{\partial y} - i\frac{\partial u}{\partial y} = -6xy + i(3x^2 - 3y^2) = i3(x + iy)^2 = i3z^2
$$

于是 $f(z) = iz^3 + c_1$. 因为 $f(z)$ 的实部 $u(x, y) = y^3 - 3x^2 y$，所以 c_1 必为纯虚数，从而

$$
f(z) = iz^3 + ic = i(z^3 + c)
$$

其中 $ic = c_1$.

必须指出，我们也可以类似地由解析函数的虚部来确定它的实部，以上这种方法可以称为不定积分法.

习题 3

1. 沿下列路径计算积分 $\displaystyle\int_0^{1+i} \left[(x - y) + ix^2 \right] \mathrm{d}z$ 的值：

（1）自原点至 $1 + i$ 的直线段，见图 3.7（a）；

（2）自原点沿实轴至 1，由 1 铅直向上至 $1 + i$，见图 3.7（b）；

（3）自原点沿虚轴至 i，由 i 沿水平方向右至 $1+i$，见图 3.7（c）.

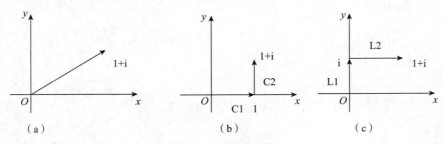

图 3.7　路径示意图

2. 计算积分 $\displaystyle\oint_C \frac{\bar{z}}{|z|} \mathrm{d}z$ 的值，其中 C 为正向圆周：

（1）$|z| = 2$；（2）$|z| = 4$.

3. 试用观察法确定下列积分的值，并说明理由，C 为正向圆周 $|z|=1$.

（1）$\oint_C \dfrac{1}{z^2+4z+4}dz$；

（2）$\oint_C \dfrac{1}{\cos z}dz$；

（3）$\oint_C \dfrac{1}{z-\dfrac{1}{2}}dz$；

（4）$\oint_C ze^z dz$.

4. 求积分 $\oint_C \dfrac{e^z}{z}dz$ 的值，其中 C 由正向圆周 $|z|=2$ 与负向圆周 $|z|=1$ 组成.

5. 求积分 $\oint_C \dfrac{1}{z^2-z}dz$ 的值，其中 C 为正向圆周 $|z|=2$.

6. 计算下列积分的值：

（1）$\int_0^{\pi i} \sin z dz$；

（2）$\int_1^{1+i} ze^z dz$；

（3）$\int_0^i (3e^z+2z)dz$.

7. 计算 $\int_C \dfrac{1}{z^2}dz$，其中 C 为圆周 $|z+i|=2$ 的右半周，方向为从 $-3i$ 到 i.

8. 计算下列积分（沿正向圆周）：

（1）$\oint_{|z-2|=1} \dfrac{e^z}{z-2}dz$；

（2）$\oint_{|z|=2} \dfrac{2z^2-z+1}{z-1}dz$；

（3）$\oint_{|z-i|=1} \dfrac{dz}{z^2-i}$.

9. 计算 $\oint_C \dfrac{zdz}{(2z+1)(z-2)}$，其中 C（沿正向圆周）是：

（1）$|z|=1$；

（2）$|z-2|=1$；

（3）$|z-1|=\dfrac{1}{2}$；

（4）$|z|=3$.

10. 求证：若 $f(z)$ 是区域 G 内的非常数解析函数，且 $f(z)$ 在 G 内无零点，则 $f(z)$ 不能在 G 内取到它的最小模.

11. 计算下列积分（沿正向圆周）：

（1）$\oint_{|z|=1} \dfrac{e^z}{z^{100}}dz$；

（2）$\oint_{|z|=2} \dfrac{\sin z}{\left(z-\dfrac{\pi}{2}\right)^2}dz$；

（3）$\oint_{C=C_1+C_2} \dfrac{\cos z}{z^3}dz$，其中 C_1：$|z|=2$，C_2：$|z|=3$.

12. 设 $f(z)$ 在 $|z|\leqslant 1$ 上解析，且在 $|z|=1$ 上有 $|f(z)-z|\leqslant |z|$，试证：$\left|f'\left(\dfrac{1}{2}\right)\right|\leqslant 8$.

13. 设函数 $f(z)$ 在 $0<|z|<1$ 内解析，且沿任意圆周 C：$|z|=r$，$0<r<1$ 的积分等于零，问 $f(z)$ 是否必须在 $z=0$ 处解析？试举例说明.

14. 设 C 为不经过 α 与 $-\alpha$ 的正向简单闭曲线，α 为不等于零的任何复数，试就 α 与 $-\alpha$ 跟 C 的不同位置，计算积分 $\oint_C \dfrac{z}{z^2 - \alpha^2} \mathrm{d}z$ 的值.

15. 设 $f(z)$、$g(z)$ 在区域 D 内处处解析，C 为 D 内的任意一条简单闭曲线，它的内部全含于 D，如果 $f(z) = g(z)$ 在 C 上所有的点都成立，试证明在 C 内所有的点处 $f(z) = g(z)$ 也成立.

16. 验证下列函数是否为调和函数：

（1）$u = xy$；

（2）$v = -\sin x \sinh y$；

（3）$u = \mathrm{e}^x \cdot \cos y + 1$；

（4）$u = x^3 - 6x^2 y - 3xy^2 + 2y^2$.

17. 由下列各已知调和函数，求解析函数 $f(z) = u + \mathrm{i}v$：

（1）$u = x^2 - y^2 + xy$；

（2）$v = \dfrac{y}{x^2 + y^2}$，$f(2) = 0$.

18. 设 u 为区域 D 内的调和函数及 $f = \dfrac{\partial u}{\partial x} - \mathrm{i}\dfrac{\partial u}{\partial y}$，问 f 是不是 D 内的解析函数？为什么？

19. 函数 $v = x + y$ 是 $u = x + y$ 的共轭调和函数吗？为什么？

20. 证明：$u = x^2 - y^2$ 和 $v = \dfrac{y}{x^2 + y^2}$ 都是调和函数，但是 $u + \mathrm{i}v$ 不是解析函数.

第 4 章

级数理论

我们在学习高等数学中级数内容时，已经知道级数和数列之间的关系．在本章，我们尝试探讨在复数范围内，级数和数列有着怎样的关系．我们即将看到，与实数范围内级数和数列关系的情况十分类似，很多复数项级数和复变函数项级数的概念和定理都来源于实数范围内相应内容的直接推广，故在本书中平行叙述不再加以证明．因此，在探讨和学习本章内容时，先要回顾复习并结合高等数学中级数部分的相关内容，以便在研究和学习时进行对比探讨．

本章的主要内容是：学习复数列、复数项级数、复变函数项级数的基本概念，以及复数列和幂级数的收敛和发散的判定；此外，还将介绍复变函数项级数中的幂级数和洛朗级数，并围绕如何将解析函数展开成幂级数或洛朗级数这一重点内容进行学习和探讨，这两类级数也是研究解析函数以及下一章探讨留数概念的重要工具．

4.1 复数项级数

4.1.1 复数列及其极限

定义 4.1 设 $\{a_n\}$ 和 $\{b_n\}$（$n = 1, 2, \cdots$）为两个实数列，$\alpha_1 = a_1 + ib_1$，$\alpha_2 = a_2 + ib_2$，$\cdots$，$\alpha_n = a_n + ib_n$，$\cdots$ 构成一个复数列，$\mathrm{Re}\,\alpha_n = a_n$，$\mathrm{Im}\,\alpha_n = b_n$，一般可以简单记为 $\{\alpha_n\}$（$n = 1, 2, \cdots$）．

定义 4.2 设有复数列 $\{\alpha_n\}$，其中 $\alpha_n = a_n + ib_n$（$n = 1, 2, \cdots$），若对于任意的 $\varepsilon > 0$，都存在正整数 N（与 ε 有关），使得当 $n > N$ 时，有

$$|\alpha_n - \alpha| < \varepsilon$$

成立，则称 α 为复数列 $\{\alpha_n\}$ 当 $n \to \infty$ 时的极限，也称复数列 $\{\alpha_n\}$ 收敛于 α，记作

$$\lim_{n\to\infty}\alpha_n = \alpha$$

定理 4.1 复数列 $\{\alpha_n\}$ 收敛于 $\alpha = a + ib$ 的充要条件是：$\lim_{n\to\infty}a_n = a$，$\lim_{n\to\infty}b_n = b$.

注 4.1 复数列也可以理解为复平面上的点列. 点列 $\{\alpha_n\}$ 收敛于 α，或者说有极限 α，用几何语言可以叙述为：任给 α 的一个 ε 邻域，都可以找到一个正整数 N，使得当 $n > N$ 时，α_n 点都落在这个邻域内；或者说在复平面上 $\{\alpha_n\}$ 有有限个点落在点 α 的一个 ε 邻域外，至多 N 个.

注 4.2 根据高等数学中所学的实数列内容的相应结果，还可以有下面的结论：两个收敛复数序列的和、差、积、商也是收敛的，并且其极限是相应复数列极限的和、差、积、商（商不为 0）.

4.1.2 复数项级数的概念

复数项级数（以下简称复级数）的概念与高等数学实级数概念类似，下面会简单加以描述，首先我们了解级数的定义.

定义 4.3 设 $\{\alpha_n\} = \{a_n + ib_n\}$（$n = 1，2，\cdots$）为一复数列，将数列的每一项逐项相加得到

$$\sum_{n=1}^{\infty}\alpha_n = \alpha_1 + \alpha_2 + \cdots + \alpha_n + \cdots \tag{4.1}$$

称为无穷级数，而前面 n 项的和为

$$s_n = \alpha_1 + \alpha_2 + \cdots + \alpha_n \tag{4.2}$$

称 $\{s_n\}$ 为该级数的部分和数列.

定义 4.4 如果级数的部分和数列 $\{s_n\}$ 有极限，则称级数 $\sum_{n=1}^{\infty}\alpha_n$ 收敛. 若 $\lim_{n\to\infty}s_n = s$，则称 s 为该级数的和，记为

$$s = \sum_{n=1}^{\infty}\alpha_n \tag{4.3}$$

反之，若级数的部分和数列 $\{s_n\}$ 不收敛，则称级数 $\sum_{n=1}^{\infty}\alpha_n$ 发散.

定理 4.2 设 $\{\alpha_n\} = \{a_n + ib_n\}$（$n = 1，2，\cdots$）为一复数列，由该数列产生的级数 $\sum_{n=1}^{\infty}\alpha_n$ 收敛的充要条件是级数 $\sum_{n=1}^{\infty}a_n$ 和级数 $\sum_{n=1}^{\infty}b_n$ 都收敛.

注 4.3 定理 4.2 将复级数的收敛问题转化为两个实级数的收敛问题，因此，在判定复级数收敛时可以直接利用实级数的收敛结论.

注 4.4 在高等数学中，实级数 $\sum_{n=1}^{\infty}a_n$ 和 $\sum_{n=1}^{\infty}b_n$ 收敛的必要条件是一般项 $\lim_{n\to\infty}a_n = 0$，$\lim_{n\to\infty}b_n = 0$，根据此结论可以知道 $\lim_{n\to\infty}\alpha_n = 0$，从而可以直接推出复级数 $\sum_{n=1}^{\infty}\alpha_n$ 收敛的必要

条件是 $\lim\limits_{n \to \infty} \alpha_n = 0$.

注 4.5 关于实级数的一些基本结论，可以直接推广到复级数，例如下面的柯西收敛原理.

柯西收敛原理（复数列）：复数列 $\{\alpha_n\}$ 收敛的充要条件是，对于任意给定的 $\varepsilon > 0$，都可以找到一个正整数 N，使得当 m 及 n 均大于 N，且 $m \neq n$ 时，有

$$|\alpha_n - \alpha_m| < \varepsilon$$

柯西收敛原理（复级数）：复级数 $\sum\limits_{n=1}^{\infty} \alpha_n$ 收敛的充要条件是，对于任意给定的 $\varepsilon > 0$，都可以找到一个正整数 N，使得当 $n > N$，$p = 1, 2, 3, \cdots$ 时，有

$$|\alpha_{n+1} + \alpha_{n+2} + \cdots + \alpha_{n+p}| < \varepsilon$$

例 4.1 判定级数 $\sum\limits_{n=1}^{\infty} \dfrac{1 + \mathrm{i}^{2n+1}}{n}$ 是否收敛.

解 $\sum\limits_{n=1}^{\infty} \dfrac{1 + \mathrm{i}^{2n+1}}{n} = \sum\limits_{n=1}^{\infty} \dfrac{1 + (-1)^n \mathrm{i}}{n} = \sum\limits_{n=1}^{\infty} \left[\dfrac{1}{n} + \mathrm{i} \dfrac{(-1)^n}{n} \right]$，因为 $\sum\limits_{n=1}^{\infty} \dfrac{1}{n}$ 是发散的，所以原级数发散.

对于复级数 $\sum\limits_{n=1}^{\infty} \alpha_n$，还可以引入绝对收敛的概念.

定义 4.5 如果级数

$$\sum_{n=1}^{\infty} |\alpha_n| = |\alpha_1| + |\alpha_2| + \cdots + |\alpha_n| + \cdots \tag{4.4}$$

收敛，则称此复级数 $\sum\limits_{n=1}^{\infty} \alpha_n$ 绝对收敛；不是绝对收敛的收敛级数称为条件收敛.

注 4.6 $\sum\limits_{n=1}^{\infty} |\alpha_n|$ 的各项为非负实数，也就是说，该级数为正项级数，因此该级数是否收敛，可以利用正项级数的判定方法.

根据高等数学中绝对收敛的定理，可以直接得到下面的结论.

定理 4.3 若 $\sum\limits_{n=1}^{\infty} |\alpha_n|$ 收敛，那么 $\sum\limits_{n=1}^{\infty} \alpha_n$ 也收敛，即绝对收敛，且不等式 $\sum\limits_{n=1}^{\infty} \alpha_n \leqslant \sum\limits_{n=1}^{\infty} |\alpha_n|$ 成立.

定理 4.4 级数 $\sum\limits_{n=1}^{\infty} \alpha_n$ 绝对收敛的充要条件是：级数 $\sum\limits_{n=1}^{\infty} a_n$ 和 $\sum\limits_{n=1}^{\infty} b_n$ 均绝对收敛.

事实上，根据正项级数的讨论，可知

$$\sum_{k=1}^{n} |a_k| \text{ 或 } \sum_{k=1}^{n} |b_k| \leqslant \sum_{k=1}^{n} |\alpha_k| = \sum_{k=1}^{n} \sqrt{a_k^2 + b_k^2} \leqslant \sum_{k=1}^{n} |a_k| + \sum_{k=1}^{n} |b_k|$$

例 4.2 判定级数 $\sum\limits_{n=1}^{\infty} \dfrac{\mathrm{i}^n}{\ln n}$ 是否收敛，若收敛，是绝对收敛还是条件收敛?

解 先判定 $\sum\limits_{n=1}^{\infty}\left|\dfrac{i^n}{\ln n}\right| = \sum\limits_{n=1}^{\infty}\dfrac{1}{\ln n}$，因为 $\dfrac{1}{\ln n} > \dfrac{1}{n}$，所以该级数加绝对值后发散. 又因为当 $n = 2k$ 时，$\sum\limits_{n=1}^{\infty}\dfrac{i^n}{\ln n} = \sum\limits_{k=1}^{\infty}\dfrac{(-1)^k}{\ln(2k)}$ 收敛；当 $n = 2k+1$ 时，$\sum\limits_{n=1}^{\infty}\dfrac{i^n}{\ln n} = \sum\limits_{k=1}^{\infty}\dfrac{(-1)^k i}{\ln(2k+1)}$ 也收敛，故原级数为条件收敛.

4.2　复函数项级数

4.2.1　复函数项级数

定义 4.6　设 $\{f_n(z)\}$ $(n = 1, 2, \cdots)$ 为一复变函数序列，且各项均在区域 Ω 内有定义，函数序列的无穷项和为

$$\sum_{n=1}^{\infty} f_n(z) = f_1(z) + f_2(z) + \cdots + f_n(z) + \cdots \tag{4.5}$$

上式称为复变函数项级数（以下简称复函数项级数），其中

$$s_n(z) = f_1(z) + f_2(z) + \cdots + f_n(z) \tag{4.6}$$

称为前 n 项和，也叫作复函数项级数的部分和.

定义 4.7　对于区域 Ω 内的某一点 z_0，若

$$\lim_{n \to \infty} s_n(z_0) = s(z_0) \tag{4.7}$$

存在，则称复函数项级数 $\sum\limits_{n=1}^{\infty} f_n(z) = f_1(z) + f_2(z) + \cdots + f_n(z) + \cdots$ 在点 z_0 收敛，而 $s(z_0)$ 称为它的和；如果级数在区域 Ω 内处处收敛，那么它的和一定是 z 的一个函数 $s(z)$，即

$$s(z) = f_1(z) + f_2(z) + \cdots + f_n(z) + \cdots \tag{4.8}$$

$s(z)$ 称为复函数项级数 $\sum\limits_{n=1}^{\infty} f_n(z) = f_1(z) + f_2(z) + \cdots + f_n(z) + \cdots$ 的和函数.

用 $\varepsilon - N$ 语言描述为：对于任意给定的 $\varepsilon > 0$，以及给定的 $z \in \Omega$，都可以找到正整数 $N = N(\varepsilon, z)$，使得当 $n > N$ 时，有 $|s_n(z) - s(z)| < \varepsilon$.

注 4.7　对于上述的正整数 $N(\varepsilon, z)$，不仅依赖于 ε，还依赖于 $z \in \Omega$. 对于这个概念，有一个非常重要的情形：

对于级数（4.5），如果 Ω 上有一个函数 $f(z)$，对于任意给定的 $\varepsilon > 0$，都可以找到正整数 $N = N(\varepsilon)$，使得当 $n > N$ 时，对于所有的 $z \in \Omega$，有 $|s_n(z) - s(z)| < \varepsilon$，则称该级数一致收敛于 $s(z)$.

4.2.2　幂级数

1. 幂级数及其收敛定理

定义 4.8　当 $f_n(z) = c_n(z - a)^n$ 时，可以得到复函数项级数的特殊情形：

$$\sum_{n=0}^{\infty} c_n(z-a)^n = c_0 + c_1(z-a) + c_2(z-a)^2 + \cdots + c_n(z-a)^n + \cdots \tag{4.9}$$

这种形式的复函数项级数称为复数域幂级数（以下简称幂级数），其中 c_0，c_1，$\cdots$，c_n，$\cdots$ 和 a 都是复常数.

特别地，当式（4.9）中取 $a = 0$ 时，可以得到幂级数的特殊情形：

$$\sum_{n=0}^{\infty} c_n z^n = c_0 + c_1 z + c_2 z^2 + \cdots + c_n z^n + \cdots \tag{4.10}$$

我们一般讨论幂级数的特殊情形.

对比实数域幂级数的理论，我们必须要考虑幂级数的敛散性. 在考虑幂级数的敛散性时，需要在一定的收敛域内. 为了搞清楚幂级数的敛散性，需要先学习阿贝尔定理.

定理 4.5 阿贝尔定理（收敛定理）：如果级数

$$\sum_{n=0}^{\infty} c_n z^n = c_0 + c_1 z + c_2 z^2 + \cdots + c_n z^n + \cdots$$

在某点 $z = z_0(\neq 0)$ 收敛，对于 $|z| < |z_0|$ 区域内的 z，级数必绝对收敛；反之，若在 $z = z_0(\neq 0)$ 发散，对于在 $|z| > |z_0|$ 区域上的 z，级数必发散.

证明 若级数 $\sum_{n=0}^{\infty} c_n z^n$ 在点 $z = z_0(\neq 0)$ 收敛，它的各项必然有界，即存在正整数 M，使得

$$|c_n z_0^n| < M \qquad n = 0, 1, 2, \cdots$$

那么就有

$$|c_n z^n| = \left| c_n z_0^n \frac{z^n}{z_0^n} \right| \leqslant M \left| \frac{z}{z_0} \right|^n$$

又注意到 $|z| < |z_0|$，因此级数 $\sum_{n=0}^{\infty} M \left| \frac{z}{z_0} \right|^n$ 为公比小于 1 的等比级数，是收敛的. 因而，级数 $\sum_{n=0}^{\infty} c_n z^n$ 在 $|z| < |z_0|$ 区域内是收敛的.

第二步用反证法即可得到结论，读者可自行讨论. 证毕！

2. 收敛圆和收敛半径

由定理 4.5 可知，存在一点 $z_0 \neq 0$，使 $\sum_{n=0}^{\infty} c_n z_0^n$ 收敛，那么它必在圆 $|z| = |z_0|$ 的内部绝对收敛；若又存在一点 z_1，使 $\sum_{n=0}^{\infty} c_n z_1^n$ 发散，那么它必在圆 $|z| = |z_1|$ 的外部发散.

在这种情况下，我们考虑可否找到一个半径 R，使得 $\sum_{n=0}^{\infty} c_n z^n$ 在圆 $|z| = R$ 的内部绝对收敛，而在圆的外部发散. R 称为此幂级数的收敛半径；圆 $|z| = R$ 称为此幂级数的收敛圆.

例如，对于级数 $1 + z + 2z^2 + \cdots + nz^n + \cdots$，当 $z \neq 0$ 时，通项不趋近于零，因此该级数是发散的，收敛半径 $R = 0$.

现有级数 $1 + z + \dfrac{z^2}{2^2} + \cdots + \dfrac{z^n}{n^n} + \cdots$，对于任意固定的 z，从某个 $n = [2z] + 1$ 开始，总有

$\dfrac{|z|}{n} < \dfrac{1}{2}$，则 $\dfrac{|z^n|}{n^n} < \dfrac{1}{2^n}$，因此，对于所有的 z，级数均收敛，收敛半径为 $R = +\infty$.

例 4.3　求幂级数

$$\sum_{n=0}^{\infty} z^n = 1 + z + z^2 + \cdots + z^n + \cdots$$

的收敛范围以及和函数.

解　该级数为一个等比级数，利用等比级数可得该幂级数的前 n 项和为

$$s_n = 1 + z + z^2 + \cdots + z^{n-1} = \dfrac{1 - z^n}{1 - z}, \ z \neq 1$$

当 $|z| < 1$ 时，$\lim\limits_{n \to \infty} z^n = 0$，因此 $\lim\limits_{n \to \infty} s_n = \dfrac{1}{1-z}$，也就是当 $|z| < 1$ 时，级数收敛，收敛半

径 $R = 1$，和函数为 $s(z) = \sum\limits_{n=0}^{\infty} z^n = \dfrac{1}{1-z}$.

当 $|z| > 1$ 时，$\lim\limits_{n \to \infty} z^n = \infty$，因此可以判定级数不收敛.

注 4.8　由阿贝尔定理可知，如果级数的收敛范围为 $|z| < 1$ 的单位圆内部，并且在单位圆内部，级数是绝对收敛的，则其收敛半径为 $R = 1$.

与高等数学中幂级数收敛半径的求法类似，我们有下面的达朗贝尔判别法，以及柯西判别法.

定理 4.6　达朗贝尔判别法（比值法）　如果 $\lim\limits_{n \to \infty} \left| \dfrac{c_{n+1}}{c_n} \right| = \rho \neq 0$，则幂级数

$$\sum_{n=0}^{\infty} c_n z^n = c_0 + c_1 z + c_2 z^2 + \cdots + c_n z^n + \cdots$$

的收敛半径为 $R = \dfrac{1}{\rho} = \lim\limits_{n \to \infty} \left| \dfrac{c_n}{c_{n+1}} \right|$.

定理 4.7　柯西判别法（根值法）　如果 $\lim\limits_{n \to \infty} \sqrt[n]{|c_n|} = \rho \neq 0$，则幂级数

$$\sum_{n=0}^{\infty} c_n z^n = c_0 + c_1 z + c_2 z^2 + \cdots + c_n z^n + \cdots$$

的收敛半径为 $R = \dfrac{1}{\rho}$.

例 4.4　求幂级数 $\sum\limits_{n=1}^{\infty} \dfrac{z^n}{n^2}$ 的收敛半径.

解　收敛半径为 $R = \lim\limits_{n \to \infty} \left| \dfrac{c_n}{c_{n+1}} \right| = \lim\limits_{n \to \infty} \left| \dfrac{(n+1)^2}{n^2} \right| = 1$.

例 4.5　求幂级数 $\sum\limits_{n=0}^{\infty} (\cos \mathrm{i}n) z^n$ 的收敛半径.

解　由于 $c_n = \cos \mathrm{i}n = \dfrac{\mathrm{e}^n + \mathrm{e}^{-n}}{2}$，因此，$R = \lim\limits_{n \to \infty} \left| \dfrac{c_n}{c_{n+1}} \right| = \lim\limits_{n \to \infty} \left| \dfrac{\mathrm{e}^n + \mathrm{e}^{-n}}{\mathrm{e}^{n+1} + \mathrm{e}^{-n-1}} \right| = \dfrac{1}{\mathrm{e}}$.

例 4.6 求幂级数 $\sum\limits_{n=0}^{\infty}(3+4\mathrm{i})^n(z-\mathrm{i})^{2n}$ 的收敛半径.

解 观察题目可以发现，该级数为缺项幂级数，不能直接用定理 4.6 或定理 4.7，令

$$f(z)=(3+4\mathrm{i})^n(z-\mathrm{i})^{2n}$$

则

$$\lim_{n\to\infty}\left|\frac{f_{n+1}(z)}{f_n(z)}\right|=\lim_{n\to\infty}\left|\frac{(3+4\mathrm{i})^{n+1}(z-\mathrm{i})^{2n+2}}{(3+4\mathrm{i})^n(z-\mathrm{i})^{2n}}\right|=\lim_{n\to\infty}\left|(3+4\mathrm{i})(z-\mathrm{i})^2\right|=5|z-\mathrm{i}|^2$$

当 $5|z-\mathrm{i}|^2<1$，即 $|z-\mathrm{i}|<\dfrac{\sqrt{5}}{5}$ 时，幂级数是绝对收敛的；当 $5|z-\mathrm{i}|^2>1$，即 $|z-\mathrm{i}|>\dfrac{\sqrt{5}}{5}$ 时，幂级数是发散的，因此该幂级数的收敛半径 $R=\dfrac{\sqrt{5}}{5}$.

3. 幂级数的有理运算

与实数域的幂级数类似，复数域幂级数也可以进行有理运算，并且具有下面两个性质.

性质 4.1 若幂级数 $\sum\limits_{n=0}^{\infty}a_nz^n$ 和 $\sum\limits_{n=0}^{\infty}b_nz^n$ 的收敛半径分别为 R_1 和 R_2，则幂级数 $\sum\limits_{n=0}^{\infty}(a_n\pm b_n)z^n$ 的收敛半径不小于 $R=\min(R_1,R_2)$，且在 $|z|<R$ 的圆内有下式成立：

$$\sum_{n=0}^{\infty}a_nz^n\pm\sum_{n=0}^{\infty}b_nz^n=\sum_{n=0}^{\infty}(a_n\pm b_n)z^n$$

性质 4.2 若幂级数 $\sum\limits_{n=0}^{\infty}a_nz^n$ 和 $\sum\limits_{n=0}^{\infty}b_nz^n$ 的收敛半径分别为 R_1 和 R_2，则幂级数

$$a_0b_0+(a_0b_1+a_1b_0)z+(a_0b_2+a_1b_1+a_2b_0)z^2+\Lambda+\left(\sum_{i=0}^{\infty}a_ib_{n-i}\right)z^n+\Lambda$$

的收敛半径不小于 $R=\min(R_1,R_2)$，且在 $|z|<R$ 的圆内有下式成立：

$$\sum_{n=0}^{\infty}a_nz^n\cdot\sum_{n=0}^{\infty}b_nz^n=\sum_{n=0}^{n}\left(\sum_{i=0}^{n}a_ib_{n-i}\right)z^n$$

上述两个性质说明由两个幂级数经过加减或乘法运算后，所得到的幂级数的收敛半径大于或等于 R_1 和 R_2 中较小的一个（R_1 和 R_2 分别为原来两个幂级数的收敛半径）.

4. 函数展开成幂级数

与实变函数展开成幂级数的情形类似，复函数也可以展开成幂级数的形式.

例 4.7 将函数 $\dfrac{1}{z-\beta}$ 展开成形如 $\sum\limits_{n=0}^{\infty}c_n(z-\alpha)^n$ 的幂级数，其中 α 和 β 是两个不同的复常数.

解析 参考例 4.3，想要将函数展开成 $(z-\alpha)$ 的幂级数，可以将函数作变形，使得分母中出现 $(z-\alpha)$ 的项. 将函数按照 $\sum\limits_{n=0}^{\infty}z^n=\dfrac{1}{1-z}$ 的形式写成 $\dfrac{1}{1-g(z-\alpha)}$，之后应用 $\sum\limits_{n=0}^{\infty}z^n$ 的形式展开即可.

解 先将函数按照 $\sum\limits_{n=0}^{\infty}z^n=\dfrac{1}{1-z}$ 的形式写成 $\dfrac{1}{1-g(z-\alpha)}$，即

$$\frac{1}{z - \beta} = \frac{1}{(z - \alpha) - (\beta - \alpha)} = \frac{-1}{\beta - \alpha} \frac{1}{1 - \dfrac{z - \alpha}{\beta - \alpha}},$$

由例 4.3 可知,当 $\left| \dfrac{z - \alpha}{\beta - \alpha} \right| < 1$ 时,可以得到

$$\frac{1}{1 - \dfrac{z - \alpha}{\beta - \alpha}} = 1 + \frac{z - \alpha}{\beta - \alpha} + \left(\frac{z - \alpha}{\beta - \alpha} \right)^2 + \cdots + \left(\frac{z - \alpha}{\beta - \alpha} \right)^n + \cdots$$

从而得到

$$\frac{1}{z - \beta} = - \frac{1}{\beta - \alpha} - \frac{z - \alpha}{(\beta - \alpha)^2} - \frac{(z - \alpha)^2}{(\beta - \alpha)^3} - \cdots - \frac{(z - \alpha)^n}{(\beta - \alpha)^{n+1}} - \cdots$$

当 $|z - \alpha| < |\beta - \alpha|$ 时,上式右端级数收敛,其和函数为 $\dfrac{1}{z - \beta}$,收敛半径为 $|\beta - \alpha|$.

5. 幂级数和的解析性

定理 4.8　幂级数

$$f(z) = \sum_{n=0}^{\infty} c_n (z - a)^n \tag{4.11}$$

的和函数 $f(z)$ 在收敛圆 $C_R : |z - a| < R(0 < R < +\infty)$ 内解析;在收敛圆 C_R 内,和函数 $f(z)$ 的导数可以由式 (4.11) 逐项求导得到,并且可以求任意阶导数,即

$$f'(z) = \sum_{n=1}^{\infty} n c_n (z - a)^{n-1}$$
$$\vdots$$

$$f^{(p)}(z) = p! \, c_p + (p+1)p \cdots 2 c_{p+1}(z - a) + \cdots + n(n+1) \cdots (n - p + 1) c_n (z - a)^{n-p} + \cdots$$
$$(p = 1, 2, 3, \cdots) \tag{4.12}$$

在收敛圆 C_R 内,和函数 $f(z)$ 的积分也可以写成逐项积分的形式,即

$$\int_L f(z) \mathrm{d}z = \sum_{n=0}^{\infty} c_n \int_L (z - a)^n \mathrm{d}z \qquad L \in |z - a| < R \tag{4.13}$$

或

$$\int_a^z f(t) \mathrm{d}t = \sum_{n=0}^{\infty} \frac{c_n}{n + 1} (z - a)^{n+1} \tag{4.14}$$

注 4.9　在定理 4.8 中,式 (4.12)、式 (4.13) 以及式 (4.14) 的收敛半径 R 与式 (4.11) 的收敛半径 R 相同,式 (4.11) 也可以逐项求导任意次.

4.3　泰勒级数

由前面的内容可以知道,一个幂级数在其收敛圆的范围内,都是一个解析函数. 那么同样地,我们也会考虑,复函数能不能与实变函数一样展开成幂级数呢?

4.3.1　泰勒定理

定理 4.9　设 Ω 表示以 a 为圆心、R 为半径的一个圆，$f(z)$ 在 Ω 内解析，则 $f(z)$ 可以在 Ω 内展开成幂级数，形式为

$$f(z) = \sum_{n=0}^{\infty} c_n (z-a)^n \qquad z \in \Omega \tag{4.15}$$

其中

$$c_n = \frac{1}{n!} f^{(n)}(a) \qquad n = 0, 1, 2, \cdots \tag{4.16}$$

此时，式（4.15）称为 $f(z)$ 在 a 处的泰勒展开式，其右端的级数称为 $f(z)$ 的泰勒级数.

证明　以 a 为圆心、R 为半径的圆 Ω，设 z 是其内一点，有

$$f(z) = \frac{1}{2\pi i} \oint_\Omega \frac{f(\zeta)}{\zeta - z} \mathrm{d}\zeta$$

由于当 $\zeta \in \Omega$ 圆周上时，$\left| \dfrac{z-a}{\zeta-a} \right| < 1$，又因为

$$\frac{1}{1-z} = 1 + z + z^2 + \cdots + z^n + \cdots \qquad |z| < 1$$

所以参考例 4.7，有

$$\frac{1}{\zeta - z} = \frac{1}{\zeta - a - (z-a)} = \frac{1}{\zeta - a} \cdot \frac{1}{1 - \dfrac{z-a}{\zeta-a}}$$

$$= \sum_{n=0}^{\infty} \frac{(z-a)^n}{(\zeta-a)^{n+1}}$$

把上面的展开式代入积分中，然后利用收敛级数的性质以及解析函数的高阶导数公式，得

$$f(z) = c_0 + c_1(z-a) + \cdots + c_n(z-a)^n + \cdots$$

其中

$$c_n = \frac{1}{2\pi i} \oint_\Omega \frac{f(\zeta)}{(\zeta-z)^{n+1}} \mathrm{d}\zeta = \frac{f^{(n)}(a)}{n!} \qquad n = 0, 1, 2, \cdots$$

则定理成立.

注 4.10　泰勒级数的收敛半径为 a 到 $f(z)$ 的最近奇点的距离，也就是说，距离最近的奇点只能在收敛圆上.

注 4.11　任何解析函数展开成幂级数的结果就是泰勒级数，而且是唯一的.

4.3.2　泰勒展开应用举例

复函数展开成幂级数，分为直接展开法和间接展开法.

1. 公式直接展开

例 4.8　求 $f(z) = e^z$ 在 $z = 0$ 的泰勒展开式.

解　由于 $(e^z)' = e^z$，所以 $(e^z)^{(n)} \big|_{z=0} = 1$，因此

$$e^z = 1 + z + \frac{1}{2!}z^2 + \cdots + \frac{1}{n!}z^n + \cdots \qquad |z| < +\infty$$

同理，根据前面所学的高阶导数可以写出 $\cos z$、$\sin z$ 在 $z = 0$ 的泰勒展开式，直接给出结论：

$$\cos z = 1 - \frac{1}{2!}z^2 + \frac{1}{4!}z^4 - \cdots + (-1)^n \frac{1}{(2n)!}z^{2n} + \cdots \qquad |z| < +\infty \qquad (4.17)$$

$$\sin z = z - \frac{1}{3!}z^3 + \frac{1}{5!}z^5 - \cdots + (-1)^n \frac{1}{(2n+1)!}z^{2n+1} + \cdots \qquad |z| < +\infty \qquad (4.18)$$

例 4.9　求函数 $\dfrac{1}{1+z^2}$ 在 $|z - 1| < \sqrt{2}$ 处展开成泰勒级数，到 $(z-1)^4$ 项.

解　$z = \pm i$ 为函数 $\dfrac{1}{1+z^2}$ 的奇点，所以将该函数开成泰勒级数的收敛半径 $R = \sqrt{2}$，又

$$f(z) = \frac{1}{1+z^2}, \quad f(1) = \frac{1}{2}$$

$$f'(z) = \frac{-2z}{(1+z^2)^2}, \quad f'(1) = -\frac{1}{2}$$

$$f''(z) = \frac{-2+6z^2}{(1+z^2)^3}, \quad f''(1) = \frac{1}{2}$$

$$f'''(z) = \frac{24z - 24z^3}{(1+z^2)^4}, \quad f'''(1) = 0$$

$$f^{(4)}(z) = \frac{24 - 240z^2 + 120z^4}{(1+z^2)^5}, \quad f^{(4)}(1) = -3$$

因此，$f(z)$ 在 $z = 1$ 处的泰勒级数为

$$\frac{1}{1+z^2} = \frac{1}{2} - \frac{1}{2}(z-1) + \frac{1}{4}(z-1)^2 - \frac{3}{4!}(z-1)^4 + \cdots, \quad R = \sqrt{2}$$

2. 间接展开法

由于解析函数在收敛域里各点的泰勒展开式是唯一的，借助于已知函数的展开式并利用幂级数的一些性质来求得另一函数的泰勒展开式，这种方法称为间接展开法.

例 4.10　求 $f(z) = \dfrac{1}{z-2}$ 在 $z = -1$ 处的泰勒展开式.

解　$\dfrac{1}{z-2} = \dfrac{1}{z+1-3} = -\dfrac{1}{3} \cdot \dfrac{1}{1 - \dfrac{z+1}{3}}$

$$= -\frac{1}{3}\left[1 + \frac{z+1}{3} + \left(\frac{z+1}{3}\right)^2 + \cdots + \left(\frac{z+1}{3}\right)^n + \cdots \right]$$

$$= \sum_{n=0}^{\infty} \frac{-1}{3^{n+1}}(z+1)^n \qquad |z+1| < 3$$

例4.11 求 $f(z) = \arctan z$ 在 $z = 0$ 处的泰勒展开式.

解 由于 $\arctan z = \int_0^z \frac{1}{1+z^2}\mathrm{d}z$, $z = \pm i$ 为奇点,故将该函数展开成泰勒级数的收敛半径 $R = 1$,则其泰勒展开式为

$$\arctan z = \int_0^z \frac{1}{1+z^2}\mathrm{d}z = \int_0^z \sum_{n=0}^\infty (-1)^n z^{2n}\mathrm{d}z = \sum_{n=0}^\infty (-1)^n \frac{1}{2n+1} z^{2n+1} \qquad |z| < 1$$

例4.12 求对数函数 $\ln(1+z) = \ln|1+z| + i\arg(1+z)$ 的主值函数 $f(z) = \ln(1+z)$ 在 $z = 0$ 处的泰勒展开式.

解 从前面的章节我们知道,$f(z) = \ln(1+z)$ 在从 -1 向负实轴方向剪开的平面内是解析的,-1 是离 0 最近的奇点,因此将该函数展开成泰勒级数的收敛半径 $R = 1$.

$f(z)$ 在 $z = 0$ 处的值为 0,在 $z = 0$ 的一阶导数为 1,二阶导数为 -1,$\cdots$,n 阶导数为 $(-1)^n(n-1)!$,因此,它在 $z = 0$ 或在 $|z| < 1$ 的泰勒展开式为

$$\ln(1+z) = z - \frac{z^2}{2} + \frac{z^3}{3} - \cdots + (-1)^{n-1}\frac{z^n}{n} + \cdots \qquad |z| < 1$$

4.4 洛朗级数

在上一节,我们已经知道,用 $z - a$ 的泰勒级数来表示在以 a 为中心的收敛圆内解析的函数 $f(z)$ 是很方便的. 但有些特殊情况,如 $f(z)$ 在 a 处不解析,那么在 a 的收敛圆内就不能用 $z - a$ 的泰勒级数来表示函数 $f(z)$,而且这种情况在实际问题中我们经常遇到. 为此,在本节中我们讨论建立圆环(挖去奇点 a),采用在以 a 为中心的圆环内的解析函数的级数表示法,并以此为工具在下一章研究解析函数在孤立奇点邻域内的性质,并为下一章定义留数和计算留数奠定必要的理论基础.

4.4.1 双边幂级数

考虑式(4.9)的级数:

$$c_0 + c_1(z-a) + c_2(z-a)^2 + \cdots + c_n(z-a)^n + \cdots$$

以及下面的特殊级数:

$$\frac{c_{-1}}{z-a} + \frac{c_{-2}}{(z-a)^2} + \cdots + \frac{c_{-n}}{(z-a)^n} + \cdots \tag{4.19}$$

式(4.9)是幂级数,在它的收敛圆 $|z - a| < R$,$(0 < R < +\infty)$ 内和函数解析;对第二个特殊级数,令 $t = \frac{1}{z-a}$ 代入(4.19)得到

$$c_{-1}t + c_{-2}t^2 + \cdots + c_{-n}t^n + \cdots \tag{4.20}$$

若式(4.20)的收敛域为 $|t| < \frac{1}{r}$,将 t 代换回去,就可以得到式(4.19)在

$|z - a| > r$，$(0 < r < +\infty)$ 的范围内的和函数为一解析函数.

容易发现，当且仅当 $r < R$ 时，将式（4.9）和式（4.19）加在一起构成的新级数：

$$\sum_{n=-\infty}^{\infty} c_n(z - a)^n = \cdots + c_{-n}(z - a)^{-n} + \cdots + c_{-1}(z - a)^{-1} +$$

$$c_0 + c_1(z - a) + c_2(z - a)^2 + \cdots + c_n(z - a)^n + \cdots \tag{4.21}$$

在 $r < |z - a| < R$ 的圆环内是收敛的. 这个新级数称作双边幂级数.

注 4.12　双边幂级数的正幂项和负幂项都有无限项，所以不能像 4.2 节中幂级数一样讨论前 n 项和. 因此双边幂级数的敛散性要分别考虑正幂项部分［式（4.9）］和负幂项部分［式（4.19）］，当且仅当这两个部分都收敛时，双边幂级数［式（4.21）］才收敛. 因此，当 $r > R$ 时，式（4.9）和式（4.19）的收敛范围不存在公共部分，式（4.21）不收敛；当 $r < R$ 时，式（4.9）和式（4.19）的收敛范围公共部分是 $r < |z - a| < R$ 的圆环，这个圆环就是式（4.21）的收敛域.

定理 4.10　双边幂级数（4.21）的收敛域为 $r < |z - a| < R(r > 0, 0 < R < +\infty)$ 的圆环，则下面四个结论成立：

（1）式（4.21）在圆环内绝对收敛；

（2）式（4.21）在收敛域内的和函数 $f(z)$ 解析；

（3）函数 $f(z) = \sum_{n=-\infty}^{\infty} c_n(z - a)^n$ 在圆环内可逐项求导；

（4）函数 $f(z) = \sum_{n=-\infty}^{\infty} c_n(z - a)^n$ 在圆环内的任意曲线上可以逐项积分.

4.4.2　洛朗级数

由前面的内容我们知道，双边幂级数可以在收敛域内表示一解析函数 $f(z)$，反过来，一个解析函数是否可以在收敛域内表示成一个双边幂级数呢?

定理 4.11　设 $f(z)$ 在以 a 为中心的圆环 $r < |z - a| < R$ 内处处解析，那么

$$f(z) = \sum_{n=-\infty}^{+\infty} c_n(z - a)^n \tag{4.22}$$

成立，其中

$$c_n = \frac{1}{2\pi i} \oint_C \frac{f(\xi)}{(\xi - a)^{n+1}} d\xi \qquad n = 0, \ \pm 1, \ \pm 2, \ \cdots \tag{4.23}$$

C 为圆周 $|\xi - a| = \rho$，$(r < \rho < R)$.

证明　设 z 为圆环内的任意一点，那么，在圆环 $r < |z - a| < R$ 内总可以找到两个圆周 $\Gamma_1: |\xi - a| = \rho_1$ 和 $\Gamma_2: |\xi - a| = \rho_2$，使得 $\rho_1 < |\xi - a| < \rho_2$，即 z 在由两个圆周 Γ_1 和 Γ_2 围成的圆环内，见图 4.1.

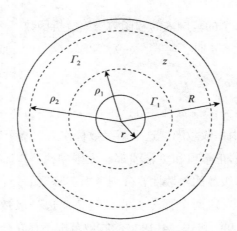

图 4.1 两个圆周 Γ_1 和 Γ_2 围成的圆环

又考虑到函数 $f(z)$ 在圆环 $\rho_1 < |z - a| < \rho_2$ 上解析，由柯西积分公式可得

$$f(z) = \frac{1}{2\pi\mathrm{i}} \oint_{\Gamma_2} \frac{f(\xi)}{\xi - z} \mathrm{d}\xi - \frac{1}{2\pi\mathrm{i}} \oint_{\Gamma_1} \frac{f(\xi)}{\xi - z} \mathrm{d}\xi \tag{4.24}$$

对于式（4.24）中的第一部分，类似于定理 4.9 的证明，可以得到

$$\frac{1}{2\pi\mathrm{i}} \oint_{\Gamma_2} \frac{f(\xi)}{\xi - z} \mathrm{d}\xi = \sum_{n=0}^{\infty} c_n (z - a)^n \tag{4.25}$$

$$c_n = \frac{1}{2\pi\mathrm{i}} \oint_{\Gamma_2} \frac{f(\xi)}{(\xi - a)^{n+1}} \mathrm{d}\xi \qquad n = 0, 1, 2, \cdots \tag{4.26}$$

类似地，再考虑式（4.24）的第二部分，有

$$\frac{f(\xi)}{\xi - z} = -\frac{f(\xi)}{z - \xi} = -\frac{f(\xi)}{(z - a) - (\xi - a)} = -\frac{f(\xi)}{z - a} \cdot \frac{1}{1 - \dfrac{\xi - a}{z - a}} \tag{4.27}$$

当 $\xi \in \Gamma_1$ 时，$\left| \dfrac{\xi - a}{z - a} \right| = \dfrac{\rho_1}{|z - a|} < 1$，因此式（4.27）可以展开成一致收敛的级数，即

$$\frac{f(\xi)}{\xi - z} = -\frac{f(\xi)}{z - a} \sum_{n=1}^{\infty} \left(\frac{\xi - a}{z - a} \right)^{n-1}$$

将上式沿 Γ_1 逐项积分，两端再乘 $\dfrac{1}{2\pi\mathrm{i}}$ 可得

$$\frac{1}{2\pi\mathrm{i}} \oint_{\Gamma_2} \frac{f(\xi)}{\xi - z} \mathrm{d}\xi = -\frac{1}{2\pi\mathrm{i}} \oint_{\Gamma_2} \frac{f(\xi)}{z - \xi} \mathrm{d}\xi = -\sum_{n=1}^{\infty} c_{-n} (z - a)^{-n} \tag{4.28}$$

$$c_{-n} = \frac{1}{2\pi\mathrm{i}} \oint_{\Gamma_1} \frac{f(\xi)}{(\xi - a)^{-n+1}} \mathrm{d}\xi \qquad n = 1, 2, \cdots \tag{4.29}$$

由式（4.24）、式（4.25）和式（4.28）可得

$$f(z) = \sum_{n=0}^{\infty} c_n (z - a)^n + \sum_{n=1}^{\infty} c_{-n} (z - a)^{-n} = \sum_{n=-\infty}^{\infty} c_n (z - a)^n$$

再讨论系数，即式（4.26）和式（4.29），由柯西积分定理，对圆环内的任意圆周 C：$|z - a| = \rho$，$(r < \rho < R)$，可以得到

$$c_n = \frac{1}{2\pi i} \oint_{\Gamma_2} \frac{f(\xi)}{(\xi - a)^{n+1}} d\xi = \frac{1}{2\pi i} \oint_{\Gamma} \frac{f(\xi)}{(\xi - a)^{n+1}} d\xi \qquad n = 0, 1, 2, \cdots$$

$$c_{-n} = \frac{1}{2\pi i} \oint_{\Gamma_1} \frac{f(\xi)}{(\xi - a)^{-n+1}} d\xi = \frac{1}{2\pi i} \oint_{\Gamma} \frac{f(\xi)}{(\xi - a)^{-n+1}} d\xi \qquad n = 1, 2, \cdots$$

于是系数可以统一写成 $c_n = \dfrac{1}{2\pi i} \oint_C \dfrac{f(\xi)}{(\xi - a)^{n+1}} d\xi$, $(n = 0, \pm 1, \pm 2, \cdots)$. 证毕!

注 4.13 在定理 4.11 的条件下,函数 $f(z)$ 在其收敛圆环 $r < |z - a| < R$ 内展开式是唯一的.

注 4.14 式 (4.22) 称为函数 $f(z)$ 在点 a 的洛朗展开式,其右边的级数称为 $f(z)$ 的洛朗级数,式 (4.23) 为洛朗系数;一般情况下采用一些间接展开法来将函数展开成洛朗级数,只有在个别情况下,才用直接展开法.

注 4.15 当已给函数 $f(z)$ 在点 a 解析时,收敛圆的圆心在点 a,半径为由点 a 到函数 $f(z)$ 最近奇点的距离;这个收敛圆可以看成圆环的特殊情形,在其中就可作出洛朗展开式. 根据柯西积分定理,由式 (4.23) 可以看出,这个展开式的所有系数 c_{-n}, $(n = 1, 2, 3, \cdots)$ 都为零. 在这种情况下,洛朗级数的系数公式与泰勒级数的系数公式(积分形式)相同,此时洛朗级数就是泰勒级数. 因此,泰勒级数为洛朗级数的一种特殊情形.

例 4.13 求函数 $f(z) = \dfrac{1}{(z-1)(z-2)}$ 分别在 $0 < |z| < 1$ 以及圆环 $1 < |z| < 2$ 及 $2 < |z| < +\infty$ 内的洛朗展开式.

解 $f(z) = \dfrac{1}{(z-1)(z-2)} = \dfrac{1}{1-z} - \dfrac{1}{2-z}$,当 $0 < |z| < 1$ 时,可以看到在 $0 < |z| < 1$ 的收敛圆内,$f(z)$ 在 $z = 0$ 处是解析的,则函数 $f(z)$ 在整个收敛圆 $|z| < 1$ 内解析,那么

$$\frac{1}{1-z} = 1 + z + z^2 + z^3 + \cdots + z^n + \cdots \qquad |z| < 1 \qquad (4.30)$$

$$\frac{1}{2-z} = \frac{1}{2} \cdot \frac{1}{1 - \frac{z}{2}} = \frac{1}{2}\left(1 + \frac{z}{2} + \left(\frac{z}{2}\right)^2 + \cdots + \left(\frac{z}{2}\right)^n + \cdots\right) \qquad \left|\frac{z}{2}\right| < 1$$

因此在 $0 < |z| < 1$ 的收敛圆内,$f(z) = \displaystyle\sum_{n=0}^{\infty} z^n - \frac{1}{2}\sum_{n=0}^{\infty} \frac{z^n}{2^n}$.

当 $1 < |z| < 2$ 时,由于 $|z| > 1$,所以不能直接应用式 (4.30),但此时有 $\left|\dfrac{z}{2}\right| < 1$,$\left|\dfrac{1}{z}\right| < 1$,所以

$$f(z) = \frac{1}{(z-1)(z-2)} = \frac{1}{z-2} - \frac{1}{z-1}$$

$$= \frac{-1}{2\left(1 - \frac{z}{2}\right)} - \frac{1}{z\left(1 - \frac{1}{z}\right)} = -\sum_{n=0}^{\infty} \frac{z^n}{2^{n+1}} - \sum_{n=0}^{\infty} \frac{1}{z^{n+1}}$$

当 $2 < |z| < +\infty$ 时，同理，有 $\left|\dfrac{2}{z}\right| < 1$，$\left|\dfrac{1}{z}\right| < 1$，所以

$$f(z) = \frac{1}{(z-1)\cdot(z-2)} = \frac{1}{z-2} - \frac{1}{z-1}$$

$$= \frac{1}{z\left(1-\dfrac{2}{z}\right)} + \frac{1}{z\left(1-\dfrac{1}{z}\right)} = \sum_{n=0}^{\infty} \frac{2^n}{z^{n+1}} - \sum_{n=0}^{\infty} \frac{1}{z^{n+1}}$$

注 4.16 给定函数 $f(z)$ 与复平面内一点 z_0，由于这个函数可以在以 z_0 为中心的（由奇点隔开的）不同圆环内解析，因而在各个不同的圆环中有不同的洛朗展开式（泰勒展开式作为它的特例）. 不要把这种情形与洛朗展开式的唯一性混淆，我们所研究的洛朗展开式的唯一性，是指给定圆环之后，函数在该圆环的洛朗展开式是唯一的. 另外，在展开式圆环的内周上或者外圆上可以有 $f(z)$ 的奇点.

例 4.14 求 $\dfrac{\sin z}{z^2}$ 及 $\dfrac{\sin z}{z}$ 在 $0 < |z| < +\infty$ 内的洛朗展开式.

解 因为 $\sin z = z - \dfrac{1}{3!}z^3 + \dfrac{1}{5!}z^5 - \cdots + (-1)^n \dfrac{1}{(2n+1)!} z^{2n+1} + \cdots$，$|z| < +\infty$，所以 $\dfrac{\sin z}{z^2}$ 及 $\dfrac{\sin z}{z}$ 在 $0 < |z| < +\infty$ 内的洛朗展开式为

$$\frac{\sin z}{z^2} = \frac{1}{z} - \frac{z}{3!} + \frac{z^3}{5!} - \cdots + \frac{(-1)^n z^{2n-1}}{(2n+1)!} + \cdots$$

$$\frac{\sin z}{z} = 1 - \frac{z^2}{3!} + \frac{z^4}{5!} - \cdots + \frac{(-1)^n z^{2n}}{(2n+1)!} + \cdots$$

例 4.15 求函数 $f(z) = \dfrac{1}{(z^2-1)(z-3)}$ 在圆环 $1 < |z| < 3$ 内的洛朗展开式.

解 首先可以将 $f(z)$ 改写成下面的形式：

$$f(z) = \frac{1}{(z^2-1)(z-3)} = \frac{1}{8}\left(\frac{1}{z-3} - \frac{z+3}{z^2-1}\right) = \frac{1}{8}\left(\frac{1}{z-3} - \frac{z}{z^2-1} - \frac{3}{z^2-1}\right)$$

因为 $\dfrac{1}{1-z} = 1 + z + z^2 + z^3 + \cdots + z^n + \cdots$，$|z| < 1$，又 $1 < |z| < 3$，则 $\left|\dfrac{1}{z}\right| < 1$，$\left|\dfrac{z}{3}\right| < 1$，所以 $f(z)$ 在圆环 $1 < |z| < 3$ 内的洛朗展开式为

$$\frac{1}{z-3} = \frac{-1}{3\left(1-\dfrac{z}{3}\right)} = \frac{-1}{3}\sum_{n=0}^{\infty}\frac{z^n}{3^n}$$

$$\frac{1}{z^2-1} = \frac{1}{z^2\left(1-\dfrac{1}{z^2}\right)} = \frac{1}{z^2}\sum_{n=0}^{\infty}\frac{1}{z^{2n}}$$

所以，有

$$\frac{1}{(z^2-1)(z-3)} = \frac{1}{8}\left(-\sum_{n=0}^{\infty}\frac{z^n}{3^{n+1}} - \sum_{n=0}^{\infty}\frac{1}{z^{2n+1}} - \sum_{n=0}^{\infty}\frac{3}{z^{2n+2}}\right)$$

习题 4

1. 复级数 $\sum_{n=1}^{\infty} a_n$ 与 $\sum_{n=1}^{\infty} b_n$ 都发散，则级数 $\sum_{n=1}^{\infty} (a_n \pm b_n)$ 和 $\sum_{n=1}^{\infty} a_n b_n$ 发散. 这个命题是否成立? 为什么?

2. 判定下列复级数是否收敛，如果收敛是绝对收敛还是条件收敛?

(1) $\sum_{n=1}^{\infty} \dfrac{1 + i^{2n+1}}{n}$;　　　(2) $\sum_{n=1}^{\infty} \left(\dfrac{1 + 5i}{2} \right)^n$;　　　(3) $\sum_{n=1}^{\infty} \dfrac{e^{\frac{i\pi}{n}}}{n}$;

(4) $\sum_{n=1}^{\infty} \dfrac{i^n}{\ln n}$;　　　(5) $\sum_{n=0}^{\infty} \dfrac{\cos in}{2^n}$.

3. 下列说法是否正确? 为什么?

(1) 每一个幂级数在它的收敛圆周上处处收敛;

(2) 每一个幂级数的和函数在它的收敛圆内可能有奇点.

4. 求幂级数 $\sum_{n=0}^{\infty} z^n$, $\sum_{n=0}^{\infty} \dfrac{z^n}{n}$, $\sum_{n=0}^{\infty} \dfrac{z^n}{n^2}$ 的收敛半径 R, 并讨论它们在收敛圆周上的情况.

5. 求幂级数 $\sum_{n=0}^{\infty} \dfrac{(z-1)^n}{n}$ 的收敛半径 R.

6. 求下列级数的收敛半径，并写出它们的收敛圆周.

(1) $\sum_{n=0}^{\infty} \dfrac{(z-i)^n}{n^p}$;　　　(2) $\sum_{n=0}^{\infty} \left(\dfrac{i}{n} \right)^n (z-1)^{n(n+1)}$.

7. 求下列级数的和函数.

(1) $\sum_{n=1}^{\infty} (-1)^{n-1} \cdot n z^n$;　　　(2) $\sum_{n=0}^{\infty} (-1)^n \cdot \dfrac{z^{2n}}{(2n)!}$.

8. 用直接法展开将函数 $f(z) = \ln(1 + e^{-z})$ 在 $z = 0$ 点处展开为泰勒级数（到 z^4 项），并指出其收敛半径.

9. 用间接法展开将下列函数 $f(z)$ 展开为泰勒级数，并指出其收敛性.

(1) $f(z) = \dfrac{1}{2z - 3}$ 分别在 $z = 0$ 和 $z = 1$ 处;

(2) $f(z) = \sin^3 z$ 在 $z = 0$ 处;

(3) $f(z) = \arctan z$ 在 $z = 0$ 处;

(4) $f(z) = \dfrac{z}{(z + 1)(z + 2)}$ 在 $z = 2$ 处.

10. 求 $f(z) = \dfrac{z}{(z - 1)(z - 2)}$ 在圆环 $1 < |z| < 2$ 和 $1 < |z - 2| < +\infty$ 内的洛朗展开式.

11. 分别在圆环 (1) $0 < |z| < 1$; (2) $0 < |z - 1| < 1$ 内将函数 $f(z) = \dfrac{1}{z(1 - z)^2}$ 展开

为洛朗级数.

12. 求函数 $f(z) = \dfrac{1}{z(z-i)}$ 在以下各圆环内的洛朗展开式.

(1) $0 < |z - i| < 1$;

(2) $1 < |z - i| < +\infty$.

第 5 章

留　数

在复变函数论中，留数是非常重要的，它和计算周线积分（或归结为考察周线积分，周线积分即闭合的曲线积分）的问题有密切关系．留数定理还可以解决一些定积分和广义积分的问题，本章我们在前面几章的基础上讨论留数问题．

5.1　孤立奇点

5.1.1　孤立奇点的概念和分类

解析函数的孤立奇点是学习留数的基础，只有掌握了孤立奇点的相关性质，才能更好地学好留数．解析函数在不同类型的孤立奇点处的计算方法不同，关键我们要先判断其类型．

定义 5.1　如果点 a 是函数 $f(z)$ 的奇点，且函数在点 a 的去心邻域 $0 < |z-a| < R$ 内是解析的，则称 a 点为 $f(z)$ 的一个孤立奇点．

通过上一章的学习，我们知道，如果 a 点为 $f(z)$ 的一个孤立奇点，则必存在一个半径 R，使得 $f(z)$ 在 a 的去心邻域 $0 < |z-a| < R$ 内可以展开成洛朗级数．

注 5.1　我们需要知道，不是所有的奇点都是孤立奇点．例如函数 $f(z) = \dfrac{1}{\sin \dfrac{1}{z}}$，可以看到 $z = 0$，$z = \dfrac{1}{n\pi}(n = \pm 1,\ \pm 2,\ \cdots)$ 都是奇点，但是随着 n 的绝对值增大，有 $\lim\limits_{n \to \infty} \dfrac{1}{n\pi} = 0$，也就是说，奇点 $z = 0$ 无论在多小的邻域里面都有其他奇点存在，所以奇点 $z = 0$ 不是 $f(z)$ 的孤立奇点．

上面已经讨论，如果 a 点为 $f(z)$ 的一个孤立奇点，则必存在一个半径 R，使得 $f(z)$ 在 a 的去心邻域 $0 < |z - a| < R$ 内可以展开成洛朗级数. 形式为

$$f(z) = \sum_{n=0}^{\infty} c_n (z - a)^n + \sum_{n=-\infty}^{-1} c_n (z - a)^n \tag{5.1}$$

称级数的非负幂部分为 $f(z)$ 在 a 点的正则部分，称负幂部分为 $f(z)$ 在 a 点的主要部分.

注 5.2 实际上，非负幂部分表示的是 a 点邻域 $|z - a| < R$ 内的解析函数，因此函数 $f(z)$ 在 a 点的奇异性质完全体现在洛朗级数的负幂部分上.

1. 可去奇点

定义 5.2 设 a 为函数 $f(z)$ 的孤立奇点，如果 $f(z)$ 在 a 点展开成洛朗级数的主要部分为零，则称 a 为函数 $f(z)$ 的可去奇点 也就是说 $f(z)$ 在 a 点的洛朗级数只有正则部分.

例 5.1 将 $f(z) = \dfrac{\sin z}{z}$ 在 $z = 0$ 点展开成洛朗级数.

解 函数 $f(z)$ 在 $z = 0$ 的去心邻域内的洛朗级数可以应用 $\sin z$ 的级数间接得到，即

$$f(z) = \frac{\sin z}{z} = \frac{1}{z} \left(z - \frac{1}{3!} z^3 + \frac{1}{5!} z^5 - \cdots + (-1)^n \frac{1}{(2n+1)!} z^{2n+1} + \cdots \right)$$

$$= \left(1 - \frac{1}{3!} z^2 + \frac{1}{5!} z^4 - \cdots + (-1)^n \frac{1}{(2n+1)!} z^{2n} + \cdots \right)$$

从上面的洛朗级数可以看到，$z = 0$ 为函数的可去奇点.

进一步可以看到，如果定义 $\dfrac{\sin z}{z} \bigg|_{z=0} = 1$，那么函数 $f(z) = \dfrac{\sin z}{z}$ 在 $z = 0$ 就变成了解析函数. 这也就是为什么我们把这类奇点叫作可去奇点.

定理 5.1 若 $z = a$ 是 $f(z)$ 的可去奇点，则下面三条结论是等价的：

(1) $f(z)$ 在 a 点的洛朗级数的主要部分为零；

(2) $\lim\limits_{z \to a} f(z) = b$，$b \neq \infty$；

(3) $f(z)$ 在 $z = a$ 点的某去心邻域有界.

2. 极点

定义 5.3 设 a 为函数 $f(z)$ 的孤立奇点，如果 $f(z)$ 在 a 点的洛朗级数的主要部分为有限项 $\dfrac{c_{-1}}{z - a} + \dfrac{c_{-2}}{(z - a)^2} + \cdots + \dfrac{c_{-m}}{(z - a)^m}$，就称 a 为函数 $f(z)$ 的 m 阶极点，一阶极点又叫单极点.

例如，点 $z = 0$ 为 $\dfrac{e^z}{z^2}$ 的二阶极点.

定义 5.4 不恒等于零的解析函数如果可以写成 $f(z) = (z - a)^m g(z)$，其中 $g(z)$ 在 a 解析且 $g(a) \neq 0$，m 为正整数，由高等数学中所学的理论，显然 a 为函数 $f(z)$ 的零点，且我们称 a 为函数 $f(z)$ 的 m 阶零点.

定理 5.2 如果函数 $f(z)$ 在 a 点解析，则 $z = a$ 为函数 $f(z)$ 的 m 阶零点的充要条件为：

$$f^{(n)}(a) = 0, \quad (n = 0, 1, 2, \cdots, m-1), \quad f^{(m)}(a) \neq 0$$

例如，$f(z) = z^3 - 1 = (z-1)(z^2 + z + 1)$，可以看到 $z = 1$ 是一阶零点，$f(1) = 0$，$f'(1) = 3z^2|_{z=1} = 3 \neq 0$，从而可以知道 $z = 1$ 为函数 $f(z)$ 的一阶零点.

定理 5.3 若 a 为 $f(z)$ 的 m 阶极点，则下面三条结论是等价的：

(1) $f(z)$ 在 a 点的洛朗级数的主要部分有 m 项，即

$$\frac{c_{-1}}{z-a} + \frac{c_{-2}}{(z-a)^2} + \cdots + \frac{c_{-m}}{(z-a)^m} \quad (c_{-m} \neq 0)$$

(2) $f(z)$ 在点 a 的去心邻域内能表示成 $f(z) = \dfrac{\lambda(z)}{(z-a)^m}$，其中 $\lambda(a) \neq 0$，且 $\lambda(z)$ 在点 a 的邻域内解析；

(3) $g(z) = \dfrac{1}{f(z)}$ 以点 a 为 m 阶零点.

由上面的定理，可以很容易得到下面的定理.

定理 5.4 a 为函数 $f(z)$ 的 m 阶极点 $\Leftrightarrow$ 函数 $\dfrac{1}{f(z)}$ 以点 a 为 m 阶零点.

证明 如果 a 为函数 $f(z)$ 的 m 阶极点，则

$$f(z) = \sum_{n=0}^{\infty} c_n (z-a)^n + \sum_{n=-m}^{-1} c_n (z-a)^n = \frac{1}{(z-a)^m} g(z) \tag{5.2}$$

$$g(z) = c_{-m} + c_{-m+1}(z-a) + c_{-m+2}(z-a)^2 + \cdots$$

$g(z)$ 在 a 点是解析的，并且 $g(a) \neq 0$，当 $z \neq a$ 时，可以得到

$$\frac{1}{f(z)} = (z-a)^m \cdot \frac{1}{g(z)} = (z-a)^m h(z) \tag{5.3}$$

可以发现，$h(z)$ 在 a 点也是解析的，并且 $h(a) \neq 0$，又 $\lim\limits_{z \to a} \dfrac{1}{f(z)} = 0$，因此定义 $\dfrac{1}{f(a)} = 0$，由式 (5.3) 可以得到点 a 为函数 $\dfrac{1}{f(z)}$ 的零点.

如果函数 $\dfrac{1}{f(z)}$ 以点 a 为 m 阶零点，则

$$\frac{1}{f(z)} = (z-a)^m \varphi(z) \tag{5.4}$$

$\varphi(z)$ 在 a 点解析，且 $\varphi(a) \neq 0$，因此当 $z \neq a$ 时，得

$$f(z) = \frac{1}{(z-a)^m} \psi(z), \quad \psi(z) = \frac{1}{\varphi(z)} \tag{5.5}$$

又 $\psi(a) \neq 0$，因此可以得到 a 为 $f(z)$ 的 m 阶极点. 证毕！

可以利用定理 5.3 寻找函数零点的方法来判定函数的极点. 例如，函数 $f(z) = \dfrac{1}{\sin z}$ 的奇点是使得 $\sin z = 0$ 的点，这些奇点是 $z = k\pi (k = 0, \pm 1, \pm 2, \cdots)$. 因为 $\sin z = 0$ 可以得到 $e^{iz} = e^{-iz}$ 或者 $e^{2iz} = 1$，从而有 $2iz = 2k\pi i$，可以得到 $z = k\pi$，很明显这些奇点为孤立奇点. 又因为 $(\sin z)'|_{z=k\pi} = \cos z|_{z=k\pi} = (-1)^k \neq 0$，因此 $z = k\pi$ 是函数 $\sin z$ 的一阶零点，也就是

$f(z) = \dfrac{1}{\sin z}$ 的一阶极点. 应当注意的是, 我们在求函数的孤立奇点时, 不能只看函数的表面

形式就得出结论, 比如函数 $f(z) = \dfrac{e^z - 1}{z^2}$, 直接看上去, $z = 0$ 是它的二阶极点, 我们把这个

函数通过间接展开法展开:

$$\frac{e^z - 1}{z^2} = \frac{1}{z^2}\left(\sum_{n=0}^{\infty} \frac{z^n}{n!} - 1\right) = \frac{1}{z} + \frac{1}{2!} + \frac{1}{3!}z + \cdots = \frac{1}{z}\varphi(z)$$

其中 $\varphi(z)$ 在 $z = 0$ 处解析, 且 $\varphi(0) \neq 0$, 通过展开发现 $z = 0$ 为函数 $f(z) = \dfrac{e^z - 1}{z^2}$ 的一阶

极点.

定理5.5 以孤立奇点 a 为 $f(z)$ 的极点的充要条件是 $\lim\limits_{z \to a} f(z) = \infty$.

例如, $f(z) = \dfrac{5z + 1}{(z - 1)(2z + 1)^2}$ 的一阶极点为 $z = 1$, 二阶极点为 $z = -\dfrac{1}{2}$.

3. 本质奇点

定义5.5 设 a 为函数 $f(z)$ 的孤立奇点, 如果 $f(z)$ 在 a 点的洛朗级数的主要部分有无穷多项, 那么我们称 a 为函数 $f(z)$ 的本质奇点 (也称为本性奇点).

定理5.6 点 a 为函数 $f(z)$ 的本质奇点的充要条件是 $\lim\limits_{z \to a} f(z)$ 不存在, 即当 $z \to a$ 时, $f(z)$ 既不趋于有限值, 也不趋于 ∞.

定理5.7 若点 a 为 $f(z)$ 的本质奇点, 且 $f(z)$ 在点 a 的充分小的邻域内不为零, 则点 a 必为 $\dfrac{1}{f(z)}$ 的本质奇点.

证明 设 $g(z) = \dfrac{1}{f(z)}$, 根据定理假设 $z = a$ 必为 $g(z)$ 的孤立奇点.

若 $z = a$ 为 $g(z)$ 的可去奇点或解析点, 那么 $z = a$ 为 $f(z)$ 的可去奇点或者极点, 与假设矛盾; 若 $z = a$ 为 $g(z)$ 的极点, 那么 $z = a$ 为 $f(z)$ 的可去奇点或零点, 也与假设矛盾. 因此 $z = a$ 必为 $g(z)$ 的本质奇点. 证毕!

例5.2 判定 $z = 0$ 为函数 $f(z) = e^{\frac{1}{z}}$ 的本质奇点.

解 根据例4.10, 有

$$e^z = 1 + z + \frac{1}{2!}z^2 + \cdots + \frac{1}{n!}z^n + \cdots \qquad |z| < +\infty$$

可以得到

$$f(z) = e^{\frac{1}{z}} = 1 + \frac{1}{z} + \frac{1}{2!}\frac{1}{z^2} + \cdots + \frac{1}{n!}\frac{1}{z^n} + \cdots \qquad 0 < |z| < +\infty$$

根据展开式, 可以判定 $z = 0$ 为函数 $f(z) = e^{\frac{1}{z}}$ 的本质奇点.

注5.3 由定理5.7, 可以断定 $z = 0$ 也为函数 $f(z) = e^{-\frac{1}{z}}$ 的本质奇点.

魏尔斯特拉斯于1876年给出下面的定理, 描述出解析函数在本质奇点邻域内的特性.

定理 5.8 如果 a 为函数 $f(z)$ 的本质奇点，则对于任何常数 A，不管 A 为有限数还是无穷，都有一个收敛到 a 的点列 $\{z_n\}$，使得

$$\lim_{z_n \to a} f(z_n) = A \tag{5.6}$$

换句话说，在本质奇点 $z = a$ 的无论怎样小的去心邻域内，函数 $f(z)$ 可以取任意接近于预先给定的数值（有限或无穷的数）.

证明从略.

例 5.3 用 $f(z) = \sin \dfrac{1}{z}$ 来说明定理 5.8.

解 从前面的讨论我们知道 $z = 0$ 为函数 $f(z) = \sin \dfrac{1}{z}$ 的本质奇点.

事实上，我们考虑当 $z \to 0$ 时，$f(z) = \sin \dfrac{1}{z}$ 不趋近于任何极限（有限数或者无限），在实数范围内，我们就可以发现这一点.

如果 $A = \infty$，可以设 $z_n = \dfrac{\mathrm{i}}{n}$，即 $\dfrac{1}{z_n} = -in$，当 $n \to \infty$ 时，$\sin \dfrac{1}{z_n} = -i\sinh n \to \infty$；

如果 $A \neq \infty$，我们想要构造定理 5.7 中的点列 $\{z_n\}$，首先解方程 $\sin \dfrac{1}{z} = A$，可以得到

$$\frac{1}{z} = \arcsin A = \frac{1}{\mathrm{i}} \mathrm{Ln}(\mathrm{i}A + \sqrt{1 - A^2})$$

那么可以定义 $z_k = \dfrac{\mathrm{i}}{\ln(\mathrm{i}A + \sqrt{1 - A^2}) + 2k\pi\mathrm{i}}$，$k = \pm 1$，$\pm 2$，$\cdots$. 根据求解出来的 z_k 可以找

一点列 $\{z_n\} \to 0$，$z_n = \dfrac{\mathrm{i}}{\ln(\mathrm{i}A + \sqrt{1 - A^2}) + 2n\pi\mathrm{i}}$，$n = 1, 2, 3, \cdots$. 满足条件

$$\lim_{n \to \infty} f(z_n) = A, \quad n = 1, 2, 3, \cdots$$

5.1.2　解析函数在无穷远点的性质

关于上面的内容，我们讨论的孤立奇点都是有限数的点，对于函数在无穷远处的性质，尚未提及. 关于下面的内容，我们将讨论解析函数在无穷远点的性质，由于函数 $f(z)$ 在无穷远点总是无意义的，所以无穷远点总是 $f(z)$ 的奇点.

定义 5.6 设函数 $f(z)$ 在无穷远的去心邻域 $0 \leqslant R < |z| < +\infty$ 内解析，那么称点 ∞ 为 $f(z)$ 的一个孤立奇点.

设 ∞ 点为函数 $f(z)$ 的孤立奇点，利用变换 $t = \dfrac{1}{z}$，则

$$\varphi(t) = f\left(\frac{1}{t}\right) = f(z) \tag{5.7}$$

如果 $R = 0$ 则规定 $\dfrac{1}{R} = +\infty$，$\varphi(t)$ 在去心邻域 $0 < |t| < \dfrac{1}{R}$ 内解析. $t = 0$ 为函数 $\varphi(t)$ 的

孤立奇点，而且

（1）变换 $t = \dfrac{1}{z}$ 将扩充 z 平面上无穷远点 $z = \infty$ 映射成扩充 t 平面上原点的去心邻域；

（2）在对应的点 z 与 t 上，函数 $f(z)$ 与 $\varphi(t)$ 的值相等；

（3）$\lim\limits_{z \to \infty} f(z) = \lim\limits_{t \to 0} \varphi(t)$，或两个极限都不存在.

很自然的，我们想到可以根据研究 $\varphi(t)$ 在原点的性质来研究函数 $f(z)$ 在无穷远点的性质.

定义 5.7　如果 $t = 0$ 是 $\varphi(t)$ 的可去奇点（解析点）、m 阶极点或本质奇点，那么称 $z = \infty$ 为 $f(z)$ 的可去奇点（解析点）、m 阶极点或本质奇点.

注 5.4　虽然我们可以给出 $f(\infty)$ 的定义，但在无穷远点处没有给出差商的定义，因此不能定义函数 $f(z)$ 在无穷远点的可微性. 但由定义 5.7 可以发现，定义中的 $f(z)$ 在无穷远点 ∞ 解析，就是指 ∞ 点为 $f(z)$ 的可去奇点，且我们定义 $f(\infty) = \lim\limits_{z \to \infty} f(z)$.

根据上面的分析，$f(z)$ 在圆环域 $0 \leqslant R < |z| < +\infty$ 内解析，根据第四章定理 4.11 洛朗级数展开公式，在此圆环内可以把函数 $f(z)$ 展开成洛朗级数

$$f(z) = \sum_{n=-\infty}^{\infty} c_n z^n = \sum_{n=1}^{\infty} c_{-n} z^{-n} + \sum_{n=0}^{\infty} c_n z^n$$
$$= \sum_{n=1}^{\infty} c_{-n} z^{-n} + c_0 + \sum_{n=1}^{\infty} c_n z^n \tag{5.8}$$
$$c_n = \frac{1}{2\pi i} \oint_C \frac{f(\xi)}{(\xi)^{n+1}} \mathrm{d}\xi \qquad n = 0, \ \pm 1, \ \pm 2, \ \cdots$$

其中 C 为圆环域 $0 \leqslant R < |z| < +\infty$ 内绕原点的任意一条正向简单闭合曲线. 在去心邻域 $0 < |t| < \dfrac{1}{R}$ 内也可以将函数 $\varphi(t)$ 展开成洛朗级数：

$$\varphi(t) = \sum_{n=-\infty}^{\infty} c_n z^n = \sum_{n=1}^{\infty} c_{-n} t^n + c_0 + \sum_{n=1}^{\infty} c_n t^{-n} \tag{5.9}$$

根据前面孤立奇点的分类我们知道，如果在洛朗级数（5.9）中不含负幂项，则称 $t = 0$ 为函数 $\varphi(t)$ 的可去奇点；如果含有有限多的负幂项，并且 t 的最高负幂为 m 次，则称 $t = 0$ 为函数 $\varphi(t)$ 的 m 级极点；如果含有无穷多的负幂项，则称 $t = 0$ 为函数 $\varphi(t)$ 的本性奇点.

那么在（5.8）式中，如果洛朗级数不含有正幂次项，则称 $z = \infty$ 为函数 $f(z)$ 的可去奇点；如果只有有限个正幂次项，且 z 的最高次幂为 m 次，则称 $z = \infty$ 为函数 $f(z)$ 的 m 级极点；如果含有无穷多正幂次项，则称 $z = \infty$ 为函数 $f(z)$ 的本性奇点.

注 5.5　根据上面的分析，对于无穷远点来说，它的性质与其洛朗级数之间的关系就跟有限远点的情形是一样的，区别就是把正幂项与负幂项的作用互相对调了. 也就是说函数 $f(z)$ 在 $z = \infty$ 的主要部分是 $\sum\limits_{n=1}^{\infty} c_n z^n$.

下面看一个特例，设函数 $f(z)$ 在复平面上只有 $z = 0$ 和 $z = \infty$ 两个孤立奇点，则可设

$$f(z) = a_0 + \frac{a_1}{z} + \cdots + \frac{a_n}{z^n} + \cdots + b_1 z + b_2 z^2 + \cdots + b_n z^n + \cdots$$

$$0 < |z| < + \infty$$

这样就把函数 $f(z) - a_0$ 分成两个部分：$\sum_{n=1}^{\infty} \dfrac{a_n}{z^n}$ 及 $\sum_{n=1}^{\infty} b_n z^n$. 在 $z = 0$ 的去心邻域 $0 < |z| < + \infty$ 内，第一部分是主要部分，起主导作用，$f(z)$ 的性质由主要部分决定，而后面的部分是次要的；但是当 $|z|$ 逐渐变大，趋向 $+ \infty$ 时，主要部分和正则部分就互换. 在 $z = \infty$ 的去心邻域 $0 < |z| < + \infty$ 内，后面部分是主要部分，起主导作用，这部分决定了 $f(z)$ 的性质，而前面部分却变为次要的正则部分.

例 5.4 在点 $z = \infty$ 的去心邻域内将函数 $f(z) = e^{\frac{z}{z+2}}$ 展开成洛朗级数.

解 令 $z = \dfrac{1}{t}$，可以将函数 $f(z)$ 转化成下面的形式：

$$f\left(\frac{1}{t}\right) = e^{\frac{\frac{1}{t}}{\frac{1}{t}+2}} = e^{\frac{1}{1+2t}}$$

点 $t = 0$ 是新得到函数的解析点，将此函数简记为 $\varphi(t)$，可以得到

$$\varphi'(t) = -\frac{2}{(1+2t)^2} e^{\frac{1}{1+2t}}$$

$$\varphi''(t) = \left[\frac{8}{(1+2t)^3} + \frac{4}{(1+2t)^4}\right] e^{\frac{1}{1+2t}}, \quad \cdots$$

于是

$$\varphi(0) = e, \quad \varphi'(0) = -2e, \quad \varphi''(0) = 12e, \quad \cdots$$

由此得

$$\varphi(t) = e(1 - 2t + 6t^2 + \cdots)$$

所以

$$e^{\frac{z}{z+2}} = e\left(1 - \frac{2}{z} + \frac{6}{z^2} + \cdots\right) \quad (2 < |z| < + \infty)$$

这里 $z = \infty$ 是 $f(z)$ 的可去奇点，如令 $\lim\limits_{z \to \infty} f(z) = e$，则 $z = \infty$ 就变成解析点.

5.2 留数

留数是复变函数中的一个重要概念，它和计算周线积分的问题有密切关系，常应用在计算某些特殊类型的实积分中，可以大大简化积分的计算过程. 对留数理论的研究不仅仅是积分部分知识的延伸，更是对原函数不易直接求得的定积分和反常积分的求法提供了一个比较有效简便的方法.

5.2.1 留数定理

如果函数 $f(z)$ 在 a 点是解析的，闭合曲线 C 在 a 点的某个邻域内，并包围 a 点，则根据前面章节所学的柯西积分定理，有

$$\oint_C f(z)\mathrm{d}z = 0$$

但是，如果 a 是 $f(z)$ 的一个孤立奇点，且闭合曲线 C 全在 a 的某个去心邻域内，并包围 a 点，一般情况下积分 $\oint_C f(z)\mathrm{d}z$ 的值不再等于零. 我们可以利用洛朗系数公式很容易计算出它的值，为了这个计算先给出下面的留数定义.

定义 5.8 设函数 $f(z)$ 以有限远点 a 为孤立奇点，即 $f(z)$ 在点 a 的某个去心邻域 $0 < |z - a| < R$ 内解析，则称积分 $\dfrac{1}{2\pi\mathrm{i}}\oint_C f(z)\mathrm{d}z$ $(\Gamma: |z - a| = \rho,\ 0 < \rho < R)$ 为 $f(z)$ 在点 a 的留数，记为：$\mathrm{Res}\,[f(z),\ a] = c_{-1}$.

上面的定义也就是说，当 $f(z)$ 在点 a 的某个去心邻域 $0 < |z - a| < R$ 内解析时，$f(z)$ 在点 a 的留数就是 $f(z)$ 在以 a 为中心的圆环域内洛朗级数的负幂项 $c_{-1}(z - a)^{-1}$ 的系数. 由此可知，函数在有限可去奇点处的留数为零.

关于留数，还有下面的定理.

定理 5.9 （柯西留数定理）设函数 $f(z)$ 在复区域 Ω 内除了有限个孤立奇点 a_1，a_2，$\cdots$，a_n 外处处都是解析的，闭合曲线 C 是区域 Ω 内包围所有孤立奇点的一条正向简单闭合曲线，则

$$\oint_C f(z)\mathrm{d}z = 2\pi\mathrm{i}\sum_{k=1}^{n} \mathrm{Res}\,[f(z),\ a_k] \tag{5.10}$$

证明 见图 5.1，将 Ω 内所有的孤立奇点都用闭合的正向简单曲线围绕起来，并且相互之间是没有交集、隔离开的. 根据复合闭路定理，有

$$\oint_C f(z)\mathrm{d}z = \oint_{C_1} f(z)\mathrm{d}z + \oint_{C_2} f(z)\mathrm{d}z + \cdots + \oint_{C_n} f(z)\mathrm{d}z \tag{5.11}$$

在式 (5.11) 两边同除以 $2\pi\mathrm{i}$，可以得到

$$\frac{1}{2\pi\mathrm{i}}\oint_C f(z)\mathrm{d}z = \frac{1}{2\pi\mathrm{i}}\oint_{C_1} f(z)\mathrm{d}z + \frac{1}{2\pi\mathrm{i}}\oint_{C_2} f(z)\mathrm{d}z + \cdots + \frac{1}{2\pi\mathrm{i}}\oint_{C_n} f(z)\mathrm{d}z$$

根据留数定义，有

$$\frac{1}{2\pi\mathrm{i}}\oint_C f(z)\mathrm{d}z = \mathrm{Res}\,[f(z),\ a_1] + \mathrm{Res}\,[f(z),\ a_2] + \cdots + \mathrm{Res}\,[f(z),\ a_n]$$

因此就有

$$\oint_C f(z)\mathrm{d}z = 2\pi\mathrm{i}\sum_{k=1}^{n} \mathrm{Res}\,[f(z),\ a_k]$$

证毕！

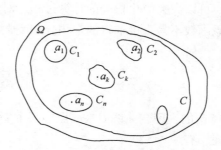

图 5.1 孤立奇点示意图

注 5.6　留数定理将计算闭合曲线积分的整体问题，转化为计算各孤立奇点处留数的局部问题.

5.2.2　留数的计算规则

为了应用留数定理计算闭合曲线积分，首先应该掌握求留数的方法. 而在计算孤立奇点 a 的留数时，只需要洛朗级数中 $\dfrac{1}{z-a}$ 这一项的系数，所以可以应用洛朗展开式求留数. 在这种情况下每需要一个奇点处的留数，都要去求一次洛朗展开式. 但是部分函数 $f(z)$ 的洛朗展开式求解是比较困难的，如果将奇点 a 进行分类，则部分留数的求解可以变得简单一些.

根据孤立奇点的分类，对留数的求法进行研究. 由函数 $f(x)$ 的可去奇点 a 的留数可以直接得出 $\mathrm{Res}\,[f(z),\,a]=0$，因为函数在其可去奇点处展开式是泰勒展开式，所以 $c_{-1}=0$；如果 a 是本质奇点，那么只能利用求洛朗级数的系数 c_{-1} 的方法来求函数的留数；如果 a 是极点，则分一阶极点和 m 阶极点.

下面的定理是求 n 阶极点处留数的公式，要指出的是，这个公式对于阶数过高（比如超过三阶）的极点，计算起来也不一定简单.

定理 5.10　设 a 为函数 $f(z)$ 的 n 阶极点，函数可以写成 $f(z)=\dfrac{\varphi(z)}{(z-a)^n}$，其中 $\varphi(z)$ 在 a 点解析，且 $\varphi(a)\neq0$，则

$$\mathrm{Res}\,[f(z),\,a]=\frac{\varphi^{(n-1)}(a)}{(n-1)!}=\frac{1}{(n-1)!}\lim_{z\to a}\frac{\mathrm{d}^{n-1}}{\mathrm{d}z^{n-1}}\{(z-a)^nf(z)\} \tag{5.12}$$

其中 $\varphi^{(0)}(a)=\varphi(a)$.

证明　a 为函数 $f(z)$ 的 n 阶极点，那么可以将函数的洛朗级数写成下面的形式：

$$f(z)=c_{-n}(z-a)^{-n}+c_{-n+1}(z-a)^{-n+1}+\cdots+c_{-1}(z-a)^{-1}+c_0+c_1(z-a)+\cdots$$

上式两边同时乘以 $(z-a)^n$ 可以得到

$$(z-a)^nf(z)=c_{-n}+c_{-n+1}(z-a)+\cdots+c_{-1}(z-a)^{n-1}+c_0(z-a)^n+c_1(z-a)^{n+1}+\cdots$$

然后，两边求 $n-1$ 阶导数可以得到

$$\frac{\mathrm{d}^{n-1}}{\mathrm{d}z^{n-1}}\{(z-a)^nf(z)\}=(n-1)!\,c_{-1}+n(n-1)+\cdots+c_0(z-a)+\cdots$$

其中后面省略的是含有 $(z-a)$ 的正幂次项，根据留数的定义，需要求出 c_{-1}，当 $z\to a$ 时，$(z-a)$ 的正幂次项全部趋近于零，因此

$$c_{-1}=\frac{1}{(n-1)!}\lim_{z\to a}\frac{\mathrm{d}^{n-1}}{\mathrm{d}z^{n-1}}\{(z-a)^nf(z)\}=\frac{\varphi^{(n-1)}(a)}{(n-1)!}$$

那么就可以得到函数 $f(z)$ 在极点 a 处的留数为

$$\mathrm{Res}\,[f(z),\,a]=\frac{\varphi^{(n-1)}(a)}{(n-1)!}=\frac{1}{(n-1)!}\lim_{z\to a}\frac{\mathrm{d}^{n-1}}{\mathrm{d}z^{n-1}}\{(z-a)^nf(z)\}$$

证毕！

推论5.1 设 a 为函数 $f(z)$ 的一阶极点，$\varphi(z) = (z - a)f(z)$，则

$$\operatorname{Res}[f(z), a] = \lim_{z \to a}\varphi(z) = \lim_{z \to a}(z - a)f(z)$$

关于 a 为函数 $f(z)$ 的一阶极点的情况，还有另外的定理.

定理5.11 设 a 为函数 $f(z)$ 的一阶极点，$f(z) = \dfrac{\varphi(z)}{\psi(z)}$，$\varphi(z)$ 和 $\psi(z)$ 在 a 点都是解析的，并且满足 $\varphi(a) \neq 0$，$\psi(a) = 0$，$\psi'(a) \neq 0$，那么

$$\operatorname{Res}[f(z), a] = \frac{\varphi(a)}{\psi'(a)} \tag{5.13}$$

证明 因为 a 为函数 $f(z)$ 的一阶极点，所以有

$$\operatorname{Res}[f(z), a] = \lim_{z \to a}(z - a)\frac{\varphi(z)}{\psi(z)} = \lim_{z \to a}\frac{\varphi(z)}{\dfrac{\psi(z) - \psi(a)}{z - a}} = \frac{\varphi(a)}{\psi'(a)}$$

证毕!

例5.5 设 $f(z) = \dfrac{5z - 2}{z(z - 1)}$，求 $\operatorname{Res}(f(z), 0)$.

解法一 取一个圆心为0、半径为0.5的圆，由定义可以得到

$$\operatorname{Res}(f(z), 0) = \frac{1}{2\pi i}\oint_{|z|=0.5}\frac{5z - 2}{z(z - 1)}dz = \frac{1}{2\pi i}\oint_{|z|=0.5}\frac{\dfrac{5z - 2}{z - 1}}{z}dz$$

$$= \left(\frac{5z - 2}{z - 1}\right)\bigg|_{z=0} = 2.$$

注意： 这里积分路径的半径并非只能取0.5，只需要把半径取值小于1即可以满足定义的条件.

解法二 因 $z = 0$ 点为 $f(z)$ 的孤立奇点，所以，在 $N_*\left(0, \dfrac{1}{3}\right): 0 < |z| < \dfrac{1}{3}$ 的邻域内有

$$f(z) = \frac{5z - 2}{z} \cdot \frac{(-1)}{1 - z} = \left(\frac{2}{z} - 5\right) \cdot \sum_{n=0}^{\infty}z^n = \frac{2}{z} - 3\sum_{n=0}^{\infty}z^n$$

由此得 $c_{-1} = 2$，根据留数的定义得 $\operatorname{Res}[f(z), 0] = 2$.

解法三 因 $z = 0$ 点为 $f(z)$ 的一阶极点，则按推论5.1，有

$$\operatorname{Res}[f(z), 0] = \lim_{z \to 0}z \cdot \frac{5z - 2}{z(z - 1)} = 2$$

解法四 因 $z = 0$ 点为 $f(z) = \dfrac{5z - 2}{z(z - 1)}$ 的一阶极点，则按定理5.11，有

$$\operatorname{Res}[f(z), 0] = \left\{\frac{5z - 2}{[z(z - 1)]'}\right\}\bigg|_{z=0} = 2$$

例5.6 计算积分 $\oint_{|z|=1}\dfrac{2i}{z^2 + 2az + 1}dz$，$a > 1$.

解　首先求被积函数在积分路径内部的奇点. 由 $z^2 + 2az + 1 = 0$ 求出被积函数的奇点有

$$z_1 = -a + \sqrt{a^2 - 1}, \quad z_2 = -a - \sqrt{a^2 - 1}$$

因 $a > 1$, 所以 $|z_2| > 1$. 又根据解和系数的关系知道 $|z_1 \cdot z_2| = 1$, 故 $|z_1| < 1$, 即在积分闭合曲线内部只有被积函数的一个奇点 z_1. 根据定理 5.9, 有

$$\oint_{|z|=1} \frac{2i}{z^2 + 2az + 1} dz = 2\pi i \cdot \text{Res}\left(\frac{2i}{z^2 + 2az + 1}, z_1\right)$$

$$= 2\pi i \cdot \lim_{z \to z_1}\left[(z - z_1) \cdot \frac{2i}{(z - z_1)(z - z_2)}\right]$$

$$= \frac{-2\pi}{\sqrt{a^2 - 1}}$$

例 5.7　计算积分 $\oint_{|z|=2} \frac{5z - 2}{z(z - 1)^2} dz$.

解　显然, 被积函数 $f(z) = \dfrac{5z - 2}{z(z - 1)^2}$ 在圆周 $|z| = 2$ 的内部只有一阶极点 $z = 0$ 及二阶极点 $z = 1$.

由推论 5.1, 有

$$\text{Res}\left[f(z), 0\right] = \lim_{z \to 0} z \frac{5z - 2}{z(z - 1)^2} = -2$$

由定理 5.10, 有

$$\text{Res}\left[f(z), 1\right] = \lim_{z \to 1}\left(\frac{5z - 2}{z}\right)' = 2$$

因此由定理 5.9 可以得到

$$\oint_{|z|=2} \frac{5z - 2}{z(z - 1)^2} = 2\pi i(-2 + 2) = 0$$

5.2.3　函数在无穷远点的留数

跟孤立奇点的情况类似, 留数的概念也可以推广到无穷远点的情况.

定义 5.9　设 $z = \infty$ 为函数 $f(z)$ 的一个孤立奇点, $f(z)$ 在去心邻域 $\Omega: 0 \leq r < |z| < \infty$ 内解析, $C: |z| = \rho > r$ 为一个正向闭合曲线, 则称

$$\frac{1}{2\pi i}\oint_{C^-} f(z)\,\mathrm{d}z \tag{5.14}$$

为 $f(z)$ 在 $z = \infty$ 点的留数, 记为 $\text{Res}\left[f(z), \infty\right]$, 这里 C^- 是指顺时针方向, 也就是我们所说的负向 (这个方向很自然地可以看作绕无穷远点的正向).

设 $f(z)$ 在 $\Omega: 0 \leq r < |z| < \infty$ 内的洛朗展开式为

$$f(z) = \cdots + \frac{c_{-n}}{z^n} + \cdots + \frac{c_{-1}}{z} + c_0 + c_1 z + \cdots + c_n z^n + \cdots$$

由留数定理可以知道 $\oint_C f(z)\,\mathrm{d}z = c_{-1}$，而式（5.14）中积分曲线的方向与之相反，因此

$$\mathrm{Res}\,[f(z)，\infty] = \frac{1}{2\pi\mathrm{i}}\oint_{C^-} f(z)\,\mathrm{d}z = -c_{-1}$$

也就是说，$\mathrm{Res}\,[f(z)，\infty]$ 等于 $f(z)$ 在 $z = \infty$ 点的洛朗展开式中 $\dfrac{1}{z}$ 这一项系数 c_{-1} 的相反数.

  定理 5.12 如果函数 $f(z)$ 在扩充的 z 平面上只有包括无穷远点在内的有限个孤立奇点，设为 $a_1，a_2，\cdots，a_n，\infty$，则 $f(z)$ 在各奇点的留数总和为零.

  证明 根据定理条件，包括无穷点在内 $f(z)$ 在复平面内只有有限个孤立奇点，围绕除无穷点外所有的孤立奇点找一条正向闭合曲线 C，那么根据定理 5.9，有

$$\oint_C f(z)\,\mathrm{d}z = 2\pi\mathrm{i}\sum_{k=1}^{n}\mathrm{Res}\,[f(z)，a_k]$$

根据 $f(z)$ 在 $z = \infty$ 点的定义 5.9，$\mathrm{Res}\,[f(z)，\infty] = \dfrac{1}{2\pi\mathrm{i}}\oint_{C^-} f(z)\,\mathrm{d}z$，根据积分的性质，易知

$\dfrac{1}{2\pi\mathrm{i}}\oint_{C^-} f(z)\,\mathrm{d}z + \dfrac{1}{2\pi\mathrm{i}}\oint_C f(z)\,\mathrm{d}z = 0.$ 证毕！

  需要注意的是，如果函数 $f(z)$ 有有限个可去奇点 $a_k(k = 1，2，\cdots，n)$，则每个可去奇点的留数 $\mathrm{Res}\,[f(z)，a_k] = 0$. 但是，如果 $z = \infty$ 也是函数 $f(z)$ 的可去奇点（或者解析点），则函数 $f(z)$ 在 $z = \infty$ 处的留数可以不是零. 例如，$f(z) = 2 + \dfrac{1}{z}$，$z = \infty$ 点为函数 $f(z)$ 的可去奇点，但是 $\mathrm{Res}\,[f(z)，\infty] = -1$.

  若 $z = \infty$ 为函数 $f(z)$ 的一个孤立奇点，$f(z)$ 在去心邻域 $\Omega：0 \leqslant r < |z| < \infty$ 内解析，与讨论无穷远点洛朗级数的方法类似，设 $t = \dfrac{1}{z}$，可以得到 $\varphi(t) = f\left(\dfrac{1}{t}\right) = f(z)$. 可以看出，搭配变换 $t = \dfrac{1}{z}$ 将扩充 z 平面上无穷远点 $z = \infty$ 映射成扩充 t 平面上原点的去心邻域. 如果 $r = 0$，则规定 $\dfrac{1}{r} = +\infty$，$\varphi(t)$ 在去心邻域 $0 < |t| < \dfrac{1}{r}$ 内解析，闭合曲线 $C：|z| = \rho > r$ 则转化成闭合曲线 $\Gamma：|t| = \dfrac{1}{\rho} < \dfrac{1}{r}$，因此可以得到

$$\frac{1}{2\pi\mathrm{i}}\oint_{C^-} f(z)\,\mathrm{d}z = -\frac{1}{2\pi\mathrm{i}}\oint_{\Gamma} f\left(\frac{1}{t}\right)\frac{1}{t^2}\,\mathrm{d}t$$

所以可以得到

$$\mathrm{Res}\,[f(z)，\infty] = -\mathrm{Res}\left[f\left(\frac{1}{t}\right)\frac{1}{t^2}，0\right] \tag{5.15}$$

  例 5.8 计算积分

$$I = \oint_{|z|=4} \frac{z^{15}}{(z^2 + 1)^2(z^4 + 2)^3}\,\mathrm{d}z$$

解　根据奇点的判定方法，被积函数一共有 7 个奇点：$z = \pm i$，$z = \sqrt[4]{2}\ e^{i\frac{\pi+2k\pi}{4}}$（$k = 0$，$1$，$2$，$3$）以及 $z = \infty$．我们知道，根据定理 5.9，积分 I 的值可以求前 6 个奇点的留数和，但是这 6 个奇点的留数是十分麻烦的，所以应用上述定理 5.12 及定理 5.9 得

$$I = 2\pi i\big[- \mathrm{Res}(f(z)，\ \infty)\big]$$

将在 $z = \infty$ 处 $f(z)$ 的洛朗展开式写出，即

$$f(z) = \frac{z^{15}}{(z^2 + 1)^2(z^4 + 2)^3} = \frac{z^{15}}{z^{16}\left(1 + \dfrac{1}{z^2}\right)^2\left(1 + \dfrac{2}{z^4}\right)^3}$$

$$= \frac{1}{z}\left(1 - 2 \cdot \frac{1}{z^2} + \cdots\right)\left(1 - 3\frac{2}{z^4} + \cdots\right)$$

$f(z)$ 在 $z = \infty$ 处的留数为洛朗展开式中 $\dfrac{1}{z}$ 这一项系数 c_{-1} 的相反数 -1，因此由定理 5.12 知

$I = 2\pi i.$

另外，也可以应用式（5.15）来计算无穷远点的留数，即

$$f\left(\frac{1}{t}\right)\frac{1}{t^2} = \frac{\dfrac{1}{t^{15}}}{\left(\dfrac{1}{t^2}\right)^2\left(\dfrac{1}{t^4} + 2\right)^3} \cdot \frac{1}{t^2}$$

变换后的函数以 $t = 0$ 为一阶极点，所以由式（5.15）有

$$I = 2\pi i \cdot \mathrm{Res}\left[f(z)，\ \infty\right] = 2\pi i\left\{- \mathrm{Res}\left[f\left(\frac{1}{t}\right)\frac{1}{t^2}，\ 0\right]\right\} = 2\pi i$$

5.3　留数定理计算实积分

我们在高等数学中遇到的一些定积分也可以应用留数定理进行计算，尤其是对一些原函数不易直接求得的定积分和反常积分，这是一个非常有效的方法，其关键在于怎样将要计算的积分变成一个复变函数在闭合曲线上的积分．当然使用这个方法还有一些限制：首先，被积函数必须要与某个解析函数密切相关，这个要求在一般情况下都可以满足，因为被积函数一般是初等函数，而我们可以将初等函数推广到复数域中；其次，定积分的积分区域是区间，而用留数来计算积分要牵涉到把问题转化为沿闭合曲线的积分．下面来研究怎样利用留数求一些特殊形式的定积分的值．

5.3.1　计算 $\displaystyle\int_0^{2\pi} R(\cos\theta，\ \sin\theta)\mathrm{d}\theta$ 型积分

$R(\cos\theta，\ \sin\theta)$ 为 $\cos\theta$ 和 $\sin\theta$ 的有理函数，并且该函数在 $[0，2\pi]$ 区间上连续．我们都知道，这类函数在高等数学当中一般会使用万能公式来求解，但是往往使用万能公式积分也是非常复杂的．在这里设 $z = e^{i\theta}$，那么

$$\sin \theta = \frac{z - z^{-1}}{2i}, \quad \cos \theta = \frac{z + z^{-1}}{2}, \quad d\theta = \frac{dz}{iz}, \quad z: \ |z| = 1$$

因此有

$$\int_0^{2\pi} R(\cos \theta, \ \sin \theta) d\theta = \oint_{|z|=1} R\left(\frac{z + z^{-1}}{2}, \ \frac{z - z^{-1}}{2i}\right) \frac{dz}{iz} = \oint_{|z|=1} f(z) dz$$

其中 $f(z)$ 为关于 z 的有理函数，并且在积分路径上没有奇点，满足柯西留数定理的条件，所以此积分 $\oint_{|z|=1} f(z) dz$ 为积分路径所围成的路径内所有孤立奇点留数和的 $2\pi i$ 倍，即

$$\oint_{|z|=1} f(z) dz = 2\pi i \sum_{k=1}^n \text{Res}[f(z), \ a_k]$$

其中 a_k，$k = 1, 2\cdots, \ n$，为积分路径所围成的路径内函数 $f(z)$ 的所有孤立奇点.

例 5.9 计算 $I = \int_0^{2\pi} \frac{d\theta}{5 + 3\cos \theta}$.

解 设 $z = e^{i\theta}$，$d\theta = \frac{dz}{iz}$，则

$$I = \int_0^{2\pi} \frac{d\theta}{5 + 3\cos \theta} = \oint_{|z|=1} \frac{2}{i(3z^2 + 10z + 3)} dz$$

$$= \frac{2}{i} \oint_{|z|=1} \frac{1}{(3z + 1)(z + 3)} dz$$

$$= \frac{2}{i} \cdot 2\pi i \ \text{Res}_{z=-\frac{1}{3}}\left[\frac{1}{(3z + 1)(z + 3)}\right] = \frac{\pi}{2}$$

例 5.10 计算 $I = \int_0^{2\pi} \frac{dx}{(2 + \sqrt{3}\cos x)^2}$.

解 $I = \int_0^{2\pi} \frac{dx}{(2 + \sqrt{3}\cos x)^2} = \oint_{|z|=1} \frac{1}{\left(2 + \sqrt{3} \cdot \dfrac{z + \dfrac{1}{z}}{2}\right)^2} \frac{dz}{iz}$

$$= \frac{4}{i} \oint_{|z|=1} \frac{z}{(4z + \sqrt{3}z^2 + \sqrt{3})^2} dz = \frac{4}{3i} \oint_{|z|=1} \frac{z dz}{\left(z^2 + \dfrac{4}{\sqrt{3}}z + 1\right)^2}$$

由于分母有两个根 $z_1 = -\dfrac{1}{\sqrt{3}}$，$z_2 = -\sqrt{3}$，其中 $|z_1| < 1$，$|z_2| > 1$，因此不考虑 z_2 点，则

$$I = \frac{4}{3i} 2\pi i \cdot \text{Res}[f(z), \ z_1] = 4\pi$$

如果 $R(\cos \theta, \ \sin \theta)$ 为 θ 的偶函数，那么积分 $\int_0^\pi R(\cos \theta, \ \sin \theta) d\theta$ 也可以用这个方法求解. 因为

$$\int_0^\pi R(\cos \theta, \ \sin \theta) d\theta = \frac{1}{2} \int_{-\pi}^\pi R(\cos \theta, \ \sin \theta) d\theta \tag{5.16}$$

与前面的方法一样，我们也可以把这个积分化成复平面内单位圆周 C: $|z| = 1$ 上的积分.

例 5.11 计算积分 $I = \int_0^\pi \dfrac{\cos n\theta}{5 - 4\cos\theta}\mathrm{d}\theta$，其中 n 为整数.

解 被积函数为偶函数，因此

$$I = \int_0^\pi \frac{\cos n\theta}{5 - 4\cos\theta}\mathrm{d}\theta = \frac{1}{2}\int_{-\pi}^\pi \frac{\cos n\theta}{5 - 4\cos\theta}\mathrm{d}\theta$$

设

$$I_1 = \int_{-\pi}^\pi \frac{\cos n\theta}{5 - 4\cos\theta}\mathrm{d}\theta, \quad I_2 = \int_{-\pi}^\pi \frac{\sin n\theta}{5 - 4\cos\theta}\mathrm{d}\theta$$

则

$$I_1 + \mathrm{i}I_2 = \int_{-\pi}^\pi \frac{\mathrm{e}^{\mathrm{i}n\theta}}{5 - 4\cos\theta}\mathrm{d}\theta$$

设 $z = \mathrm{e}^{\mathrm{i}\theta}$，可以得到

$$I_1 + \mathrm{i}I_2 = \frac{1}{\mathrm{i}}\oint_C \frac{z^n}{5z - 2(1 + z^2)}\mathrm{d}z = \frac{\mathrm{i}}{2}\oint_C \frac{z^n}{\left(z - \dfrac{1}{2}\right)(z - 2)}\mathrm{d}z$$

其中 C 为圆周内部的一条闭合曲线，可以看到，在这条曲线内，只有一个奇点 $z = \dfrac{1}{2}$，可以计算出被积函数在 $z = \dfrac{1}{2}$ 处的留数：

$$\mathrm{Res}\left[f(z), \frac{1}{2}\right] = \lim_{z \to \frac{1}{2}}\left(z - \frac{1}{2}\right)\frac{z^n}{\left(z - \dfrac{1}{2}\right)(z - 2)} = -\frac{1}{3 \cdot 2^{n-1}}$$

由定理 5.9 知 $I_1 + \mathrm{i}I_2 = \dfrac{\mathrm{i}}{2} \cdot 2\pi\mathrm{i} \cdot \left(-\dfrac{1}{3 \cdot 2^{n-1}}\right) = \dfrac{\pi}{3 \cdot 2^{n-1}}$，可以得到

$$I_1 = \int_{-\pi}^\pi \frac{\cos n\theta}{5 - 4\cos\theta}\mathrm{d}\theta = \frac{\pi}{3 \cdot 2^{n-1}}, \quad I_2 = \int_{-\pi}^\pi \frac{\sin n\theta}{5 - 4\cos\theta}\mathrm{d}\theta = 0$$

故 $I = \dfrac{1}{2}I_1 = \dfrac{\pi}{3 \cdot 2^n}$.

5.3.2 计算 $\int_{-\infty}^{+\infty} R(x)\,\mathrm{d}x$ 型积分

当被积函数 $R(x)$ 为有理函数时，设 $R(z) = \dfrac{P(z)}{Q(z)}$ 为有理函数，其中

$$P(z) = z^n + C_1 z^{n-1} + \cdots + C_n, \quad Q(z) = z^m + b_1 z^{m-1} + \cdots + b_m$$

并且满足分母的次数至少比分子的次数高两次，即 $m - n \geqslant 2$，同时在实轴上 当 $Q(z) \neq 0$ 时，这个积分是可以利用留数方法来求解的. 则图 5.2，找到积分路线 C_R，此路线是以 O 为圆心，半径为 R 的上半圆周线，方向如图所示. 半径 R 取适当大，使得 C_R 和有向线段 I_R

组成的闭合曲线可以将函数 $R(z)$ 在上半平面所有的孤立奇点都包含在内（实际上只有有限个极点）. 而且我们知道在实轴上 $Q(z) \neq 0$, 且 $R(z)$ 在闭合曲线上没有奇点. 由定理 5.9 得

$$\int_{I_R} R(x)\mathrm{d}x + \int_{C_R} R(z)\mathrm{d}z = 2\pi\mathrm{i} \sum_{\mathrm{Im}\, a_k > 0} \mathrm{Res}[R(z), a_k] \tag{5.17}$$

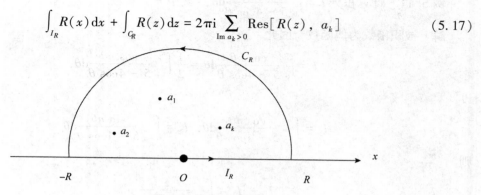

图 5.2 积分路径示意图

根据这个结果, 我们发现, 积分的结果依赖于各奇点的留数和, 不会因为 R 值的增大而改变, 而且有

$$\begin{aligned}
|R(z)| &= \left|\frac{z^n}{z^m}\right| \frac{|1 + C_1 z^{-1} + C_2 z^{-2} + \cdots + C_n z^{-n}|}{|1 + b_1 z^{-1} + b_2 z^{-2} + \cdots + b_n z^{-n}|} \\
&\leqslant \frac{1}{|z^{m-n}|} \frac{1 + |C_1 z^{-1} + C_2 z^{-2} + \cdots + C_n z^{-n}|}{1 - |b_1 z^{-1} + b_2 z^{-2} + \cdots + b_n z^{-n}|} \\
&\leqslant \frac{1}{|z|^{m-n}} \frac{1 + |C_1 z^{-1} + C_2 z^{-2} + \cdots + C_n z^{-n}|}{1 - |b_1 z^{-1} + b_2 z^{-2} + \cdots + b_n z^{-n}|}
\end{aligned}$$

由于 $m - n \geqslant 2$, 可以得到 $\dfrac{1}{|z|^{m-n}} \leqslant \dfrac{1}{|z|^2}$, 又当 $|z|$ 充分大时, 可以使得下面的不等式成立:

$$|C_1 z^{-1} + C_2 z^{-2} + \cdots + C_n z^{-n}| < \frac{1}{2}, \quad |b_1 z^{-1} + b_2 z^{-2} + \cdots + b_n z^{-n}| < \frac{1}{2}$$

因此

$$|R(z)| \leqslant \frac{1}{|z|^2} \frac{1 + \dfrac{1}{2}}{1 - \dfrac{1}{2}} = \frac{3}{|z|^2}$$

综合上面的分析可以得到, 在半径 R 充分大的积分路径 C_R 上, 有

$$\left|\int_{C_R} R(z)\mathrm{d}z\right| \leqslant \int_{C_R} |R(z)|\mathrm{d}s \leqslant \frac{3}{|z|^2} \cdot \pi R < \frac{3}{R^2}\pi R = \frac{3\pi}{R}$$

当 $R \to +\infty$ 时, $\left|\displaystyle\int_{C_R} R(z)\mathrm{d}z\right| \to 0$, 因此 $\displaystyle\int_{C_R} R(z)\mathrm{d}z \to 0$, 所以由式 (5.17) 有

$$\int_{I_R} R(x)\mathrm{d}x = 2\pi\mathrm{i} \sum_{\mathrm{Im}\, a_k > 0} \mathrm{Res}[R(z), a_k]$$

当 $R \to +\infty$ 时, 有

$$\int_{-\infty}^{+\infty} R(x)\,\mathrm{d}x = \int_{I_R} R(x)\,\mathrm{d}x = 2\pi\mathrm{i} \sum_{\mathrm{Im}\, a_k > 0} \mathrm{Res}[R(z),\, a_k] \tag{5.18}$$

注 5.7 这里当 $R \to +\infty$ 时, $\int_{-\infty}^{+\infty} R(x)\,\mathrm{d}x = \int_{I_R} R(x)\,\mathrm{d}x$, 参考高等数学中广义积分的求法.

注 5.8 当 $R(x)$ 为偶函数时, 同样可以利用留数来计算积分:

$$\int_0^{+\infty} R(x)\,\mathrm{d}x = \frac{1}{2} \int_{-\infty}^{+\infty} R(x)\,\mathrm{d}x = \pi\mathrm{i} \sum_{\mathrm{Im}\, a_k > 0} \mathrm{Res}[R(z),\, a_k]$$

例 5.12 计算积分 $\displaystyle\int_{-\infty}^{+\infty} \frac{x^2}{x^4 + x^2 + 1}\,\mathrm{d}x$.

解 首先, 需要求出 $R(z) = \dfrac{P(z)}{Q(z)} = \dfrac{z^2}{z^4 + z^2 + 1}$ 在上半平面的全部奇点. 令

$$z^4 + z^2 + 1 = (z^4 + 2z^2 + 1) - z^2 = (z^2 + 1)^2 - z^2 = (z^2 + z + 1)(z^2 - z + 1) = 0$$

因此, $R(z) = \dfrac{P(z)}{Q(z)}$ 在上半平面的全部奇点有两个:

$$a_1 = \frac{1}{2} + \frac{\sqrt{3}}{2}\mathrm{i}, \quad a_2 = -\frac{1}{2} + \frac{\sqrt{3}}{2}\mathrm{i}$$

a_1 和 a_2 均为 $R(z) = \dfrac{P(z)}{Q(z)}$ 的一阶极点.

下面计算两个点的留数, 有

$$\mathrm{Res}(R(z),\, a_1) = \lim_{z \to \alpha}(z - a_1)\frac{z^2}{(z - a_1)(z - a_2)(z + a_1)(z + a_2)} = \frac{1 + \sqrt{3}\,\mathrm{i}}{4\sqrt{3}\,\mathrm{i}}$$

$$\mathrm{Res}(R(z),\, a_2) = \lim_{z \to \beta}(z - a_2)\frac{z^2}{(z - a_1)(z - a_2)(z + a_1)(z + a_2)} = \frac{1 - \sqrt{3}\,\mathrm{i}}{4\sqrt{3}\,\mathrm{i}}$$

最后, 将所得留数代入式 (5.18) 得

$$\int_{-\infty}^{+\infty} \frac{x^2}{x^4 + x^2 + 1}\,\mathrm{d}x = 2\pi\mathrm{i}\{\mathrm{Res}[R(z),\, a_1] + \mathrm{Res}[R(z),\, a_2]\} = \frac{\pi}{\sqrt{3}}$$

5.3.3 计算 $\displaystyle\int_{-\infty}^{+\infty} R(x)\mathrm{e}^{\mathrm{i}nx}\,\mathrm{d}x\,(n > 0)$ 型积分

当 $R(x)$ 为有理函数时, 设 $R(z) = \dfrac{P(z)}{Q(z)}$, $P(z)$ 和 $Q(z)$ 是互质多项式, 且满足:

(1) $Q(z)$ 比 $P(z)$ 的次数高; (2) 在实轴上 $Q(z) \neq 0$; (3) $n > 0$. 则可以得到

$$\int_{-\infty}^{+\infty} R(x)\mathrm{e}^{\mathrm{i}nx}\,\mathrm{d}x = 2\pi\mathrm{i} \sum_{\mathrm{Im}\, a_k > 0} \mathrm{Res}[R(z)\mathrm{e}^{\mathrm{i}nz},\, a_k] \tag{5.19}$$

特别地, 可以将这个公式分成实部和虚部两个部分, 即

$$\int_{-\infty}^{+\infty} R(x)\cos nx\,\mathrm{d}x + \mathrm{i}\int_{-\infty}^{+\infty} R(x)\sin nx\,\mathrm{d}x = 2\pi\mathrm{i} \sum_{\mathrm{Im}\, a_k > 0} \mathrm{Res}[R(z)\mathrm{e}^{\mathrm{i}nz},\, a_k] \tag{5.20}$$

实际上，若 $R(z) = \dfrac{P(z)}{Q(z)}$，并且

$$P(z) = z^n + C_1 z^{n-1} + \cdots + C_n, \quad Q(z) = z^m + b_1 z^{m-1} + \cdots + b_m$$

由于 $Q(z)$ 比 $P(z)$ 的次数高，可以设 $m - n \geqslant 1$，因此跟 5.3.2 节情况类似，考虑图 5.2 的情况，对于充分大的 $|z|$，可以使得

$$|R(z)| \leqslant \frac{3}{|z|}$$

当 R 充分大时，在 C_R 上有

$$\left| \int_{C_R} R(z) \mathrm{e}^{\mathrm{i}nz} \mathrm{d}z \right| \leqslant \int_{C_R} |R(z)| \, |\mathrm{e}^{\mathrm{i}nz}| \, \mathrm{d}s < \frac{3}{R} \int_{C_R} \mathrm{e}^{-ny} \mathrm{d}s$$

$$= 3 \int_0^\pi \mathrm{e}^{-nR\sin\theta} \mathrm{d}\theta = 6 \int_0^{\frac{\pi}{2}} \mathrm{e}^{-nR\sin\theta} \mathrm{d}\theta$$

又当 $0 \leqslant \theta \leqslant \dfrac{\pi}{2}$ 时，$\dfrac{2\theta}{\pi} \leqslant \sin\theta \leqslant \theta$，则

$$6 \int_0^{\frac{\pi}{2}} \mathrm{e}^{-nR\sin\theta} \mathrm{d}\theta \leqslant 6 \int_0^{\frac{\pi}{2}} \mathrm{e}^{-nR\frac{2\theta}{\pi}} \mathrm{d}\theta = \frac{3\pi}{aR}(1 - \mathrm{e}^{-nR}).$$

所以当 $R \to +\infty$ 时，$\displaystyle\int_{C_R} R(z) \mathrm{e}^{\mathrm{i}nz} \mathrm{d}z \to 0$

$$\int_{-\infty}^{+\infty} R(x) \mathrm{e}^{\mathrm{i}nx} \mathrm{d}x = 2\pi \mathrm{i} \sum_{\mathrm{Im}\, a_k > 0} \mathrm{Res}[R(z) \mathrm{e}^{\mathrm{i}nz}, a_k]$$

或者写成复数形式可以得到

$$\int_{-\infty}^{+\infty} R(x)\cos nx \, \mathrm{d}x + \mathrm{i}\int_{-\infty}^{+\infty} R(x)\sin nx \, \mathrm{d}x = 2\pi \mathrm{i} \sum_{\mathrm{Im}\, a_k > 0} \mathrm{Res}[R(z) \mathrm{e}^{\mathrm{i}nz}, a_k]$$

例 5.13 计算积分 $\displaystyle\int_{-\infty}^{+\infty} \frac{\mathrm{e}^{\mathrm{i}x}}{x^2 + a^2} \mathrm{d}x$，$a > 0$.

解 设辅助函数 $f(z) = \dfrac{\mathrm{e}^{\mathrm{i}z}}{z^2 + a^2}$，找出函数 $f(z)$ 在上半平面的全部奇点.

由 $z^2 + a^2 = 0$ 解得 $z = a\mathrm{i}$ 与 $z = -a\mathrm{i}$ 为 $f(z)$ 的孤立奇点，$a > 0$. 可以发现，$f(z)$ 在上半平面只有一个孤立奇点 $a\mathrm{i}$，且 $a\mathrm{i}$ 为 $f(z)$ 的一阶极点.

计算留数，可以得到

$$\mathrm{Res}\left(\frac{\mathrm{e}^{\mathrm{i}z}}{z^2 + a^2}, a\mathrm{i} \right) = \lim_{z \to a\mathrm{i}} (z - a\mathrm{i}) \frac{\mathrm{e}^{\mathrm{i}z}}{(z - a\mathrm{i})(z + a\mathrm{i})} = \frac{\mathrm{e}^{-a}}{2a\mathrm{i}}$$

由式（5.20）得

$$\int_{-\infty}^{+\infty} \frac{\mathrm{e}^{\mathrm{i}x}}{x^2 + a^2} \mathrm{d}x = 2\pi \mathrm{i} \cdot \mathrm{Res}\left(\frac{\mathrm{e}^{\mathrm{i}z}}{z^2 + a^2}, a\mathrm{i} \right) = \frac{\pi}{a\mathrm{e}^a}$$

通过上面的结果还可以很容易得到

$$\int_{-\infty}^{+\infty} \frac{\cos x}{x^2 + a^2} \mathrm{d}x = \frac{\pi}{a\mathrm{e}^a} \text{ 和 } \int_{-\infty}^{+\infty} \frac{\sin x}{x^2 + a^2} \mathrm{d}x = 0$$

例 5.14　计算 $I = \int_0^{+\infty} \dfrac{x\sin nx}{x^4 + a^4}\mathrm{d}x$, $(n > 0,\ a > 0)$.

解　首先被积函数为偶函数,所以

$$I = \int_0^{+\infty} \frac{x\sin nx}{x^4 + a^4}\mathrm{d}x = \frac{1}{2}\int_{-\infty}^{+\infty} \frac{x\sin nx}{x^4 + a^4}\mathrm{d}x = \frac{1}{2}\mathrm{Im}\left(\int_{-\infty}^{+\infty} \frac{x\mathrm{e}^{inx}}{x^4 + a^4}\mathrm{d}x\right)$$

设函数 $f(z) = \dfrac{z\mathrm{e}^{inz}}{z^4 + a^4}$,此函数共有 4 个一阶极点,$a_k = a\mathrm{e}^{\frac{\pi + 2k\pi}{4}i}(k = 0,\ 1,\ 2,\ 3)$,因为 $a >$

0,所以 $f(z)$ 在上半平面有两个一阶极点 a_1 和 a_2,可以得到

$$\int_{-\infty}^{+\infty} \frac{x\mathrm{e}^{inx}}{x^4 + a^4}\mathrm{d}x = 2\pi i\{\mathrm{Res}\,[f(z),\ a_1] + \mathrm{Res}\,[f(z),\ a_2]\} = \frac{\pi i}{a^2}\mathrm{e}^{-\frac{na}{\sqrt{2}}}\sin\frac{na}{\sqrt{2}}$$

因此

$$I = \int_0^{+\infty} \frac{x\sin nx}{x^4 + a^4}\mathrm{d}x = \frac{1}{2}\mathrm{Im}\left(\int_{-\infty}^{+\infty} \frac{x\mathrm{e}^{inx}}{x^4 + a^4}\mathrm{d}x\right) = \frac{\pi}{2a^2}\mathrm{e}^{-\frac{na}{\sqrt{2}}}\sin\frac{na}{\sqrt{2}}$$

可以发现,现在讨论的几个类型都要求被积函数中,$R(z)$ 在实轴上没有奇点.但是有些情况下,$R(z)$ 在实轴上是存在奇点的,下面讨论如果实轴上有有限个奇点应该怎样计算.

例 5.15　计算 $I = \int_0^{+\infty} \dfrac{\sin x}{x}\mathrm{d}x$ 的值.

解　被积函数 $R(x) = \dfrac{\sin x}{x}$ 是偶函数,因此

$$\int_0^{+\infty} \frac{\sin x}{x}\mathrm{d}x = \frac{1}{2}\int_{-\infty}^{+\infty} \frac{\sin x}{x}\mathrm{d}x$$

考虑函数 $R(z) = \dfrac{\sin z}{z}$,设 $f(z) = \dfrac{\mathrm{e}^{iz}}{z}$,$R(z)$ 为函数 $f(z)$ 的虚部部分,$z = 0$ 为函数 $f(z)$ 的

一阶极点,为了将这个一阶极点抠出去,下面先研究 $f(z) = \dfrac{\mathrm{e}^{iz}}{z}$ 沿着图 5.3 的闭合路径的

积分.

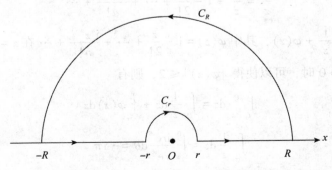

图 5.3　积分路径示意图

根据柯西积分定理可以得到在闭合路径上 $\oint_C f(z)\mathrm{d}z = 0$,也就是

$$\int_{C_R} \frac{e^{iz}}{z} dz + \int_{-R}^{-r} \frac{e^{ix}}{x} dx + \int_{C_r} \frac{e^{iz}}{z} dz + \int_{r}^{R} \frac{e^{ix}}{x} dx = 0 \qquad (5.21)$$

对积分 $\int_{-R}^{-r} \frac{e^{ix}}{x} dx$ 部分用变量替换 $x = -t$ 可以得到

$$\int_{-R}^{-r} \frac{e^{ix}}{x} dx = \int_{R}^{r} \frac{e^{-it}}{-t} d(-t) = \int_{R}^{r} \frac{e^{-it}}{t} dt = -\int_{r}^{R} \frac{e^{-ix}}{x} dx$$

因此，式（5.21）可以写成

$$\int_{C_R} \frac{e^{iz}}{z} dz + \int_{C_r} \frac{e^{iz}}{z} dz + \int_{r}^{R} \frac{e^{ix} - e^{-ix}}{x} dx = 0$$

也可以写成

$$\int_{C_R} \frac{e^{iz}}{z} dz + \int_{C_r} \frac{e^{iz}}{z} dz + 2i \int_{r}^{R} \frac{\sin x}{x} dx = 0 \qquad (5.22)$$

为了计算 I 的值，必须要求出 $\lim\limits_{R \to +\infty} \int_{C_R} \frac{e^{iz}}{z} dz$ 和 $\lim\limits_{r \to 0} \int_{C_r} \frac{e^{iz}}{z} dz$ 的值，又

$$\left| \int_{C_R} \frac{e^{iz}}{z} dz \right| \leqslant \int_{C_R} \frac{|e^{iz}|}{|z|} ds < \frac{1}{R} \int_{C_R} e^{-y} ds = \int_{0}^{\pi} e^{-R\sin\theta} d\theta = 2 \int_{0}^{\frac{\pi}{2}} e^{-R\sin\theta} d\theta$$

当 $0 \leqslant \theta \leqslant \frac{\pi}{2}$ 时，$\frac{2\theta}{\pi} \leqslant \sin\theta \leqslant \theta$，则

$$2 \int_{0}^{\frac{\pi}{2}} e^{-R\sin\theta} d\theta \leqslant 2 \int_{0}^{\frac{\pi}{2}} e^{-\frac{R 2\theta}{\pi}} d\theta = \frac{\pi}{R} (1 - e^{-R})$$

因此当 $R \to +\infty$ 时，$\int_{C_R} \frac{e^{iz}}{z} dz \to 0$，即

$$\lim\limits_{R \to +\infty} \int_{C_R} \frac{e^{iz}}{z} dz = 0 \qquad (5.23)$$

下面再研究 $\lim\limits_{r \to 0} \int_{C_r} \frac{e^{iz}}{z} dz$，将 $\frac{e^{iz}}{z}$ 洛朗展开，即

$$\frac{e^{iz}}{z} = \frac{1}{z} + i - \frac{z}{2!} + \cdots + \frac{i^n z^{n-1}}{n!} + \cdots$$

将洛朗展开式写成 $\frac{1}{z} + \varphi(z)$，其中 $\varphi(z) = i - \frac{z}{2!} + \cdots + \frac{i^n z^{n-1}}{n!} + \cdots$ 在 $z = 0$ 点是解析的，且 $\varphi(0) = i$，当 $|z| \to 0$ 时，可以使得 $|\varphi(z)| \leqslant 2$，则有

$$\int_{C_r} \frac{e^{iz}}{z} dz = \int_{C_r} \frac{1}{z} dz + \int_{C_r} \varphi(z) dz$$

$$\int_{C_r} \frac{1}{z} dz = \int_{\pi}^{0} \frac{ire^{i\theta}}{re^{i\theta}} d\theta = -i\pi$$

当 $r \to 0$ 时，有

$$\left| \int_{C_r} \varphi(z) dz \right| \leqslant \int_{C_r} |\varphi(z)| ds \leqslant 2 \int_{C_r} ds = 2\pi r \to 0$$

因此可以得到

$$\lim_{r \to 0} \int_{C_r} \frac{e^{iz}}{z} dz = -i\pi \qquad (5.24)$$

由式（5.22）、式（5.23）和式（5.24），可以得到

$$\lim_{\substack{r \to 0 \\ R \to \infty}} 2i \int_r^R \frac{\sin x}{x} dx = \pi i \Rightarrow 2i \int_0^{+\infty} \frac{\sin x}{x} dx = \pi i$$

可以得到

$$\int_0^{+\infty} \frac{\sin x}{x} dx = \frac{\pi}{2}$$

例 5.16 已知泊松积分 $\int_0^{+\infty} e^{-t^2} dt = \frac{\sqrt{\pi}}{2}$，计算菲涅耳积分 $\int_0^{+\infty} \cos x^2 dx$ 和 $\int_0^{+\infty} \sin x^2 dx$.

解 因为 $e^{ix^2} = \cos x^2 + i\sin x^2$，所以考虑 $f(z) = e^{iz^2}$ 这个函数.

见图 5.4，设 $0 = \oint_C e^{iz^2} dz$，$C = C_R + I_1 + I_2$，则

$$\int_{I_1} e^{ix^2} dx + \int_{C_R} e^{iz^2} dz + \int_{I_2} e^{iz^2} dz = 0$$

$$\int_0^R e^{ix^2} dx + \int_0^{\frac{\pi}{4}} e^{iR^2 e^{i2\theta}} Ri e^{i\theta} d\theta + \int_R^0 e^{ir^2 e^{i\frac{\pi}{2}}} e^{i\frac{\pi}{4}} dr = 0$$

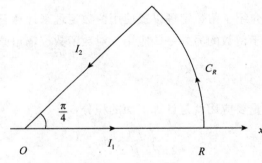

图 5.4 积分路径示意图

又因为 $e^{ix^2} = \cos x^2 + i\sin x^2$，所以上式可以写成

$$\int_0^R (\cos x^2 + i\sin x^2) dx = -\int_0^{\frac{\pi}{4}} e^{iR^2(\cos 2\theta + i\sin 2\theta)} Ri e^{i\theta} d\theta - e^{i\frac{\pi}{4}} \int_R^0 e^{ir^2\left(\cos\frac{\pi}{2} + i\sin\frac{\pi}{2}\right)} dr$$

$$= -\int_0^{\frac{\pi}{4}} e^{(iR^2\cos 2\theta - R^2\sin 2\theta)} Ri e^{i\theta} d\theta + e^{i\frac{\pi}{4}} \int_0^R e^{-r^2} dr \qquad (5.25)$$

考虑 $\int_0^{+\infty} e^{-t^2} dt = \frac{\sqrt{\pi}}{2}$，当 $R \to +\infty$ 时，可以得到

$$e^{i\frac{\pi}{4}} \int_0^{+\infty} e^{-r^2} dr = \frac{\sqrt{\pi}}{2} \cdot e^{i\frac{\pi}{4}} = \frac{\sqrt{2\pi}}{4} + i\frac{\sqrt{2\pi}}{4}$$

另外，有

$$\left| \int_0^{\frac{\pi}{4}} e^{(iR^2\cos 2\theta - R^2\sin 2\theta)} Ri e^{i\theta} d\theta \right| = R\left| \int_0^{\frac{\pi}{4}} e^{(iR^2\cos 2\theta - R^2\sin 2\theta)} (i\cos\theta - \sin\theta) d\theta \right| \leqslant R\int_0^{\frac{\pi}{4}} e^{-R^2\sin 2\theta} d\theta$$

又当 $0 \leqslant \theta \leqslant \dfrac{\pi}{2}$ 时，$\dfrac{2\theta}{\pi} \leqslant \sin\theta \leqslant \theta$，可以得到

$$R\int_0^{\frac{\pi}{4}} e^{-R^2\sin 2\theta}\,d\theta \leqslant R\int_0^{\frac{\pi}{4}} e^{-R^2\frac{4\theta}{\pi}}\,d\theta = \frac{\pi}{4R}(1 - e^{-R^2})$$

当 $R \to +\infty$ 时，$\left| \int_0^{\frac{\pi}{4}} e^{(iR^2\cos 2\theta - R^2\sin 2\theta)} Rie^{i\theta}\,d\theta \right| \to 0$，因此可以得到式（5.25）中

$$\int_0^{+\infty}(\cos x^2 + i\sin x^2)\,dx = \frac{\sqrt{2\pi}}{4} + i\frac{\sqrt{2\pi}}{4}$$

又 $e^{ix^2} = \cos x^2 + i\sin x^2$，则

$$\int_0^{+\infty}\cos x^2\,dx = \int_0^{+\infty}\sin x^2\,dx = \frac{\sqrt{2\pi}}{4}$$

菲涅耳积分在光的衍射理论中有着非常重要的应用，在近代高速公路回旋设计中，也有一些应用.

5.4 对数留数与辐角原理

前面几节，我们分别介绍了留数定理以及使用留数定理来计算三种特殊形式的积分，在这一节，我们接着介绍关于留数的另外一些应用：对数留数、辐角原理，以及路西定理.

5.4.1 对数留数

留数理论的一个非常重要应用就是计算下面的积分：

$$\frac{1}{2\pi i}\oint_C \frac{f'(z)}{f(z)}\,dz \tag{5.26}$$

这个积分称为 $f(z)$ 的对数留数（这个名称来源于 $\dfrac{f'(z)}{f(z)} = \dfrac{d}{dz}[\ln f(z)]$），可以利用对数留数研究在一个指定区域内多项式零点的个数问题. 显然，函数 $f(z)$ 的零点和奇点都可能是 $\dfrac{f'(z)}{f(z)}$ 的奇点.

定理 5.13 设 $f(z)$ 为简单闭合曲线 C 上的解析函数，且在 C 上 $f(z) \neq 0$，在 C 的内部只有有限个极点和零点，去除极点外 $f(z)$ 在 C 的内部处处解析，则有

$$\frac{1}{2\pi i}\oint_C \frac{f'(z)}{f(z)}\,dz = N(f,\ C) - P(f,\ C) \tag{5.27}$$

其中，$N(f,\ C)$ 和 $P(f,\ C)$ 分别表示 $f(z)$ 在闭合曲线 C 内部零点和极点的个数（一个 n 阶零点算作 n 个零点，一个 m 阶极点算作 m 个极点）.

在证明这个定理之前，我们先学习两个结论.

（1）设 $z = a$ 为 $f(z)$ 的 n 阶零点，则 a 点必为函数 $R(z) = \dfrac{f'(z)}{f(z)}$ 的一个一阶极点，且

$$\text{Res}[R(z), a] = n \tag{5.28}$$

（2）设 $z = b$ 为 $f(z)$ 的 m 阶零点，则 b 点必为函数 $R(z) = \dfrac{f'(z)}{f(z)}$ 的一个一阶极点，且

$$\text{Res}[R(z), a] = -m \tag{5.29}$$

先证明结论（1）．如果 $z = a$ 为 $f(z)$ 的 n 阶零点，那么在 a 点的邻域内 $f(z) = (z-a)^n \varphi(z)$，其中 $\varphi(z)$ 在 a 的邻域解析，并且 $\varphi(a) \neq 0$．对 $f(z)$ 求导可得

$$f'(z) = n(z-a)^{n-1}\varphi(z) + (z-a)^n \varphi'(z)$$

两边同时除以 $f(z)$ 可以推出

$$\frac{f'(z)}{f(z)} = \frac{n}{(z-a)} + \frac{\varphi'(z)}{\varphi(z)} \tag{5.30}$$

又因为 $\varphi(z)$ 在 a 的邻域解析，$\dfrac{\varphi'(z)}{\varphi(z)}$ 在 a 的邻域解析，所以 a 为 $R(z) = \dfrac{f'(z)}{f(z)}$ 的一个一阶极点，并且根据式（5.30）可以知道 $z = a$ 点的留数为

$$\text{Res}[R(z), a] = n$$

现在证明结论（2）．如果 $z = b$ 为 $f(z)$ 的 m 阶零点，那么在 a 点的邻域内 $f(z) = \dfrac{\psi(z)}{(z-b)^m}$，其中 $\psi(z)$ 在 a 的邻域解析，并且 $\psi(b) \neq 0$．对 $f(z)$ 求导可得

$$f'(z) = \psi(z)(-m)(z-b)^{-m-1} + \psi'(z)(z-b)^{-m}$$

两边同时除以 $f(z)$ 可以推出

$$\frac{f'(z)}{f(z)} = \frac{-m}{(z-b)} + \frac{\psi'(z)}{\psi(z)} \tag{5.31}$$

而且函数 $\dfrac{\varphi'(z)}{\varphi(z)}$ 在 b 的邻域解析，所以 b 为 $R(z) = \dfrac{f'(z)}{f(z)}$ 的一个一阶极点，并且根据式（5.31）可以知道 $z = b$ 点的留数为

$$\text{Res}[R(z), b] = -m \tag{5.32}$$

学习了上面的两个结论后，再来证明定理 5.13.

证明 因为 $f(z)$ 在 C 的内部只有有限个极点和零点，$f(z)$ 在 C 的内部的全部零点为 $a_k(k = 1, 2, 3, \cdots, n)$，每个零点的阶数分别为 n_k；$f(z)$ 在 C 的内部的全部极点为 $b_k(k = 1, 2, 3, \cdots, m)$，每个极点的阶数分别为 m_k，根据前面的两个结论，我们可以知道，函数 $\dfrac{f'(z)}{f(z)}$ 在 C 的内部有一阶极点 $a_k(k = 1, 2, 3, \cdots, n)$ 和 $b_k(k = 1, 2, 3, \cdots, m)$，除去这些极点，函数 $\dfrac{f'(z)}{f(z)}$ 在 C 的内部是解析的，因此根据定理 5.9，可以得到

$$\frac{1}{2\pi i}\oint_C \frac{f'(z)}{f(z)}\mathrm{d}z = \sum_{k=1}^{n} \text{Res}\left[\frac{f'(z)}{f(z)}, a_k\right] + \sum_{k=1}^{m} \text{Res}\left[\frac{f'(z)}{f(z)}, b_k\right]$$

$$= \sum_{k=1}^{n} n_k - \sum_{k=1}^{m} m_k = N(f, C) - P(f, C)$$

证毕！

例 5.17 求函数 $f(z) = \dfrac{1 + z^2}{1 - \cos 2\pi z}$ 关于圆周线 $|z| = \pi$ 的对数留数.

解 根据 $1 + z^2 = 0$ 可得 $f(z)$ 的两个一阶零点: $z = i$ 和 $z = -i$. 设 $\varphi(z) = 1 - \cos 2\pi z$, 再根据分母 $\varphi(z) = 1 - \cos 2\pi z = 0$, 可以发现 $\varphi(z)$ 有无穷多个零点 $z_n = n$, ($n = 0$, ± 1, ± 2, $\cdots$), 又因为 $\varphi'(z) = 2\pi \sin 2\pi z$ 和 $\varphi''(z) = 4\pi^2 \cos 2\pi z$, 可以得到在零点处 $\varphi'(z_n) = 0$ 和 $\varphi''(z_n) = 4\pi^2 \neq 0$, 所以 $\varphi(z)$ 有无穷多个零点都是二阶零点, 这些点都是函数 $f(z)$ 的二阶奇点. 而在圆周线 $|z| = \pi$ 内, 函数 $f(z)$ 有两个一阶零点 $z = i$ 和 $z = -i$, 以及 7 个二阶极点: $z = 0$, ± 1, ± 2, ± 3. 根据定理 5.13 可以得到

$$\frac{1}{2\pi i} \oint_{|z| = \pi} \frac{f'(z)}{f(z)} dz = 2 - 2 \times 7 = -12$$

5.4.2 辐角原理

式 (5.27) 的左端是 $f(z)$ 的对数留数, 现在我们讨论它的几何意义:

$$\frac{1}{2\pi i} \oint_C \frac{f'(z)}{f(z)} dz = \frac{1}{2\pi i} \oint_C \frac{d}{dz} [\mathrm{Ln} f(z)] dz = \frac{1}{2\pi i} \oint_C d[\mathrm{Ln} f(z)]$$

$$= \frac{1}{2\pi i} \left[\oint_C d\ln |f(z)| + i\mathrm{Arg} f(z) \right] \tag{5.32}$$

可知 $\oint_C \dfrac{f'(z)}{f(z)} dz$ 的值为 z 沿闭合正向曲线 C 绕一周的 $d\ln |f(z)|$ 的变化量加上 $i\mathrm{Arg} f(z)$ 的变化量.

函数 $\ln |f(z)|$ 是 z 的单值函数, 当 z 从 a 点起正向绕曲线 C 一周再回到 a 点时, 该变量为零, 即

$$\oint_C d\ln |f(z)| = \ln |f(a)| - \ln |f(a)| = 0$$

而另外一方面, 我们考虑式 (5.32) 右边的第二部分. 当 z 从 a 点起正向绕曲线 C 一周再回到 a 点时辐角 $\mathrm{Arg} f(z)$ 的值是可能发生改变的.

见图 5.5, 变换后如果 $f(z)$ 从 $f(a)$ 围绕原点转两周后, 再回到 $f(a)$, 显然, 辐角 $\mathrm{Arg} f(z)$ 变化了 4π; 如果路径不围绕原点, 辐角其实没有发生改变, 见图 5.6.

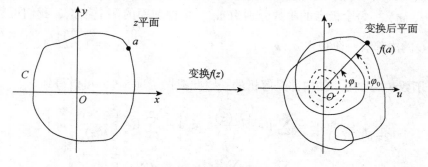

图 5.5 路径围绕原点

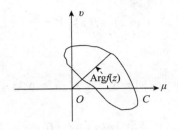

图 5.6　路径不围绕原点

因此, 当曲线路径 C 包含原点时, z 沿着曲线正向绕行一周到原点后, $\mathrm{Arg}\, f(z)$ 的改变量一定是 2π 的整数倍, 我们用 $\Delta_C \mathrm{Arg}\, f(z)$ 表示这个变化量, 可以得到下面的结论:

$$\oint_C \frac{f'(z)}{f(z)}\mathrm{d}z = \frac{\Delta_C \mathrm{Arg}\, f(z)}{2\pi} \tag{5.33}$$

如果在定理 5.13 的条件下, 则有下面的结论:

$$\frac{1}{2\pi\mathrm{i}}\oint_C \frac{f'(z)}{f(z)}\mathrm{d}z = N(f,\ C) - P(f,\ C) = \frac{\Delta_C \mathrm{Arg}\, f(z)}{2\pi} \tag{5.34}$$

特别地, 如果 $f(z)$ 在闭合曲线 C 的内部以及曲线上都解析, 而且 $f(z)$ 在曲线 C 上不为零, 那么可以得到

$$N(f,\ C) = \frac{\Delta_C \mathrm{Arg}\, f(z)}{2\pi} \tag{5.35}$$

上面的结论就是我们所说的辐角原理.

例 5.18　设 $f(z) = (z-1)(z-2)^2(z-4)$, 闭合曲线 $C:|z| = 3$, 试验证辐角原理.

解　$f(z)$ 满足辐角原理条件, 而且可以很容易地找到 $N(f,\ C) = 3$; $z = 1$ 为一阶零点, $z = 2$ 为二阶零点, $z = 3$ 为三阶零点, 则

$$\Delta_C \mathrm{Arg}\, f(z) = \Delta_C \mathrm{Arg}\,(z-1) + 2\Delta_C \mathrm{Arg}\,(z-2) + \Delta_C \mathrm{Arg}\,(z-4)$$
$$= 2\pi + 4\pi + 0 = 3 \cdot 2\pi$$

满足辐角原理.

5.4.3　路西定理

定理 5.14　(路西定理) 曲线 C 为一条简单闭合曲线, 设函数 $f(z)$ 和 $g(z)$ 在 C 上和 C 的内部都是解析的, 且在曲线 C 上满足 $|g(z)| < |f(z)|$, 则函数 $f(z)$ 和 $f(z) + g(z)$ 在曲线 C 的内部有同样多的零点 (m 阶零点就算作 m 个零点).

证明　由定理 5.14 的条件可以知道, 函数 $f(z)$ 和 $f(z) + g(z)$ 在曲线 C 上和 C 的内部解析, 易知 $|f(z)| > 0$, 在 C 上有 $|f(z) + g(z)| \geqslant |f(z)| - |g(z)| > 0$, 也就是说, $f(z)$ 和 $f(z) + g(z)$ 在曲线 C 上都不等于零. 设 N 和 M 分别为函数 $f(z)$ 和 $f(z) + g(z)$ 在曲线 C 内部的零点个数, 由于两个函数在曲线 C 的内部解析, 根据辐角原理可得

$$2\pi \cdot N = \Delta_C \mathrm{Arg}\, f(z), \quad 2\pi \cdot M = \Delta_C \mathrm{Arg}\,[f(z) + g(z)] \tag{5.36}$$

又在 C 上, 函数 $f(z) \neq 0$, 则可把 $f(z) + g(z)$ 改写为

$$f(z) + g(z) = f(z) \left[1 + \frac{g(z)}{f(z)} \right]$$

根据辐角的性质，可得

$$\Delta_C \text{Arg} \ [f(z) + g(z)] = \Delta_C \text{Arg} \ f(z) + \Delta_C \text{Arg} \left[1 + \frac{g(z)}{f(z)} \right] \tag{5.37}$$

设 $\eta = 1 + \frac{g(z)}{f(z)}$，因为曲线 C 上满足 $|g(z)| < |f(z)|$，可以得到 $\left| \frac{g(z)}{f(z)} \right| < 1$，函数 $\eta = 1 + \frac{g(z)}{f(z)}$ 将 z 平面上的闭曲线 C 映射成 η 平面上的闭曲线 Γ，而曲线 Γ 显然在 $|\eta - 1| = 1$ 的圆的内部，但是 η 平面的原点不在这个圆的内部，也就是说，曲线 Γ 不是绕原点的闭曲线，那么根据辐角原理，可知

$$\Delta_C \text{Arg} \left[1 + \frac{g(z)}{f(z)} \right] = 0 \tag{5.38}$$

根据式（5.36）和式（5.37）可知

$$\Delta_C \text{Arg} \ [f(z) + g(z)] = \Delta_C \text{Arg} \ f(z) \tag{5.39}$$

再根据式（5.36），可以得到 $N = M$，也就是定理 5.14 的结论成立．证毕！

例 5.19 试用路西定理证明代数学基本定理：任意一个 n 次方程

$$a_0 z^n + a_1 z^{n-1} + \cdots + a_{n-1} z + a_n = 0, \quad a_0 \neq 0$$

有且只有 n 个根（几重根就算作几个根）．

证明 令 $f(z) = a_0 z^n$，$g(z) = a_1 z^{n-1} + \cdots + a_{n-1} z + a_n$，则

$$\left| \frac{g(z)}{f(z)} \right| = \left| \frac{a_1 z^{n-1} + \cdots + a_{n-1} z + a_n}{a_0 z^n} \right|$$

$$\leqslant \left| \frac{a_1}{a_0} \right| \cdot \frac{1}{|z|} + \left| \frac{a_2}{a_0} \right| \cdot \frac{1}{|z|^2} + \cdots + \left| \frac{a_n}{a_0} \right| \cdot \frac{1}{|z|^n}$$

若取 $|z| \geqslant R$，当 R 充分大时，可以使得 $\left| \frac{g(z)}{f(z)} \right| < 1$，也就是，在圆周 $C(|z| = R)$ 上以及圆的外面满足 $|f(z)| > |g(z)|$，又 $f(z)$ 和 $g(z)$ 在圆周 C 上以及圆周内都是解析的，根据路西定理可知，函数 $f(z) = a_0 z^n$ 和函数 $f(z) + g(z) = a_0 z^n + a_1 z^{n-1} + \cdots + a_{n-1} z + a_n$ 在圆周内的零点个数相同．设函数 $f(z)$ 在圆周内的零点数为 n，函数 $f(z) + g(z)$ 在圆周内的零点数也是 n．又圆上和圆外有 $|f(z)| > |g(z)|$，因此函数 $f(z) + g(z)$ 在圆上和圆外不可能再有零点，因为如果再有额外零点，就有 $|f(z)| = |g(z)|$，跟 $|f(z)| > |g(z)|$ 矛盾，所以原方程只能有 n 个根．

习题 5

1. 设 $f(z) = 5(1 + e^z)^{-1}$，试求 $f(z)$ 在复平面上的奇点，并判定其类别．

2. 指出 $z = 0$ 为下列函数的几阶零点？

(1) $z^2(e^{z^2} - 1)$　　　　　　　(2) $6\sin z^3 + z^3(z^6 - 6)$.

3. 判别函数 $f(z) = \sin \dfrac{1}{z - 1}$ 的有限奇点的类型.

4. 考察函数 $f(z) = \sec \dfrac{1}{z - 1}$ 在点 $z = 1$ 的特性.

5. 求出函数 $f(z) = z^4/(1 + z^4)$ 的全部奇点, 并确定其类型.

6. 求函数 $f(z) = z^2 \sin \dfrac{1}{z}$ 孤立奇点处的留数.

7. 求函数 $f(z) = \dfrac{z + 1}{z^2 - 2z}$ 的有限奇点处的留数.

8. 求下列函数 $f(z)$ 在有限奇点处的留数:

(1) $f(z) = \dfrac{1 + z^4}{(z^2 + 1)^3}$;　　　　(2) $f(z) = \dfrac{1 - e^{2z}}{z^4}$.

9. 求下列函数 $f(z)$ 在有限奇点处的留数:

(1) $f(z) = \dfrac{z}{\cos z}$;　　　　　　(2) $f(z) = \dfrac{1}{z\sin z}$.

10. 求下列函数 $f(z)$ 在 $z = \infty$ 处的留数:

(1) $f(z) = e^{\frac{1}{z^2}}$;　　　　　(2) $f(z) = \cos z - \sin z$;　　　　　(3) $f(z) = \dfrac{2z}{3 + z^2}$;

(4) $f(z) = \dfrac{1}{z(z + 1)^4(z - 4)}$;　　　(5) $f(z) = \dfrac{e^z}{z^2 - 1}$.

11. 求 $I = \displaystyle\int_0^{2\pi} \dfrac{\mathrm{d}\theta}{1 - 2p\cos\theta + p}\ (|p| \neq 1)$.

12. 计算积分 $I = \displaystyle\int_0^{2\pi} e^{\cos\theta}\cos(n\theta - \sin\theta)\mathrm{d}\theta$.

13. 计算积分 $\displaystyle\int_0^{\infty} \dfrac{\mathrm{d}x}{x^4 + a^4},\ a > 0$.

14. 计算积分 $\displaystyle\int_0^{\infty} \dfrac{\cos mx}{1 + x^2}\mathrm{d}x,\ m > 0$.

15. 计算积分 $\displaystyle\int_{-\infty}^{+\infty} \dfrac{\pi \cdot \cos x}{x^2 + 4x + 5}\mathrm{d}x$ 的值.

16*. 设 n 次多项式 $p(z) = a_0 z^n + a_1 z^{n-1} + \cdots + a_n\ (a_0 \neq 0)$ 符合条件
$$|a_t| > |a_0| + \cdots + |a_{t-1}| + |a_{t+1}| + \cdots + |a_n|$$
则 $p(z)$ 在单位圆周 $|z| < 1$ 内有 $n - t$ 个零点.

17*. 试证: 当 $|a| > e$ 时, 方程 $e^z - az^n = 0$ 在单位圆周 $|z| < 1$ 内有 n 个根.

第 6 章

共形映射

前几章我们用分析的方法研究了解析函数的性质和应用，本章将从映射角度来研究解析函数的性质及其应用，主要是通常说的解析函数的几何理论．几何理论中最基本的是共形映射理论．下面我们来介绍共形映射的概念及基本原理，重点讨论由分式线性函数构成的映射．共形映射在解决流体力学、电磁学、传热学等实际问题中，发挥了重要的作用．

6.1 共形映射的概念

探讨复变函数映射的几何特性，首先要弄清楚复平面上的一个点集（曲线或者区域）与它的像集之间的对应关系．我们知道，在单变量实变函数中，导数被用来刻画因变量相对于自变量的变化情况，且具有相当明显的几何意义．

6.1.1 导数的几何意义

设 $w = f(z)$ 于区域 D 内解析，$z_0 \in D$，在点 z_0 有导数，通过 z_0 任意引一条有向光滑曲线 $C: z = z(t) (t_0 \leq t \leq t_1)$，$z_0 = z(t_0)$，则 $z'(t_0)$ 必存在且 $z'(t_0) \neq 0$，从而 C 在 z_0 有切线，$z'(t_0)$ 就是切线斜率，它的倾角为 $\varphi = \operatorname{Arg} z'(t_0)$．经过变换 $w = f(z)$，C 的像曲线 $\varGamma = f(C)$ 的参数方程应为

$$\varGamma: w = f[z(t)] \qquad t_0 \leq t \leq t_1$$

$\varGamma$ 在点 $w_0 = w(t_0)$ 的邻域内是光滑的，又由于 $w'(t_0) = f'(z_0) z'(t_0) \neq 0$，故 $\varGamma$ 在 $w_0 = f(z_0)$ 也有切线，$w'(t_0)$ 就是切线斜率，其倾角为

$$\psi = \operatorname{Arg} w'(t_0) = \operatorname{Arg} f'(z_0) + \operatorname{Arg} z'(t_0)$$

即 $\psi = \varphi + \operatorname{Arg} f'(z_0)$. 假设 $f'(z_0) = Re^{ia}$，则必有 $|f'(z_0)| = R$，$\operatorname{Arg} f'(z_0) = a$，于是

$$\psi - \varphi = a \tag{6.1}$$

且

$$\lim_{\Delta z \to 0} \left| \frac{\Delta w}{\Delta z} \right| = R \neq 0 \tag{6.2}$$

假定 x 轴与 u 轴、y 轴与 v 轴的正方向相同（见图 6.1），而且将原曲线的切线正方向与变换后像曲线的切线正方向间的夹角，理解为原曲线经过变换后的旋转角.

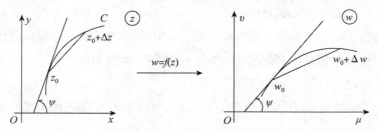

图 6.1　导数的几何意义

式（6.1）说明：像曲线 Γ 在点 $w_0 = f(z_0)$ 的切线正向，可由原像曲线 C 在点 z_0 的切线正向旋转一个角 $\operatorname{Arg} f'(z_0)$ 得出. $\operatorname{Arg} f'(z_0)$ 仅与 z_0 有关，而与过 z_0 的曲线 C 的选择无关，称为变换 $w = f(z)$ 在点 z_0 的旋转角，这就是导数辐角的几何意义.

式（6.2）说明：像点间无穷小距离与原像点间的无穷小距离之比的极限是 $R = |f'(z_0)|$，它仅与 z_0 有关，而与过 z_0 的曲线 C 之方向无关，称为变换 $w = f(z)$ 在点 z_0 的伸缩率，这就是导数模的几何意义.

假设 C_1 和 C_2 相交于 z_0，在映射 $w = f(z)$ 下有像曲线 Γ_1 与 Γ_2. 对于 C_2 而言，在 z_0 点的旋转角为 $\operatorname{Arg} w'_1(z_0) - \operatorname{Arg} z'_1(t_0) = \operatorname{Arg} f'_1(z_0)$，$\operatorname{Arg} w'_2(z_0) - \operatorname{Arg} z'_2(t_0) = \operatorname{Arg} f'_2(z_0)$，所以：$\operatorname{Arg} w'_2(z_0) - \operatorname{Arg} w'_1(z_0) = \operatorname{Arg} z'_2(t_0) - \operatorname{Arg} z'_1(t_0)$，$\Gamma_1$ 与 Γ_2 的夹角等于 C_1 和 C_2 的夹角.

综上所述，有下面的定理.

定理 6.1　设函数 $w = f(z)$ 在区域 D 内解析，z_0 为 D 内的一点，且 $f'(z_0) \neq 0$，那么映射 $w = f(z)$ 在 z_0 具有两个性质：

（1）旋转角不变性（保角性），即通过 z_0 的两条曲线间的夹角跟经过映射后所得两曲线间的夹角在大小和方向上保持不变；

（2）伸缩率的不变性，即通过 z_0 的任何一条曲线的伸缩率均为 $|f'(z_0)|$，而与其形状和方向无关.

例 6.1　试求变换 $w = f(z) = z^2 + 2z$ 在点 $z = -1 + 2i$ 处的旋转角，并说明它将 z 平面的哪一部分放大？哪一部分缩小？

解　$f'(z) = 2z + 2$，则 $f'(-1 + 2i) = 4i$，故在 $-1 + 2i$ 处的旋转角为

$$\operatorname{Arg} f'(-1 + 2i) = \frac{\pi}{2}$$

又因为

$$|f'(z)| = 2\sqrt{(x+1)^2 + y^2} \ (z = x + iy) \ , \quad |f'(z)| < 1 \Leftrightarrow (x+1)^2 + y^2 < \frac{1}{4}$$

故 $w = f(z) = z^2 + 2z$ 将以 -1 为圆心、$\dfrac{1}{2}$ 为半径的圆周内部缩小、外部放大.

6.1.2 共形映射的概念

定义 6.1 对于定义在区域 D 内的映射 $w = f(z)$，若它在 D 内任意一点具有保角性和伸缩率不变性，则称 $w = f(z)$ 是第一类保角映射；若它在 D 内任意一点保持曲线的交角的大小不变，但方向相反和伸缩率不变，则称 $w = f(z)$ 是第二类保角映射.

根据前面的讨论，可得下面的定理.

定理 6.2 设函数 $f(z)$ 在区域 D 内解析，且 $f'(z) \neq 0$，则它所构成的映射是第一类保角映射.

定义 6.2 设 $w = f(z)$ 是区域 D 内的第一类保角映射，若当 $z_1 \neq z_2$ 时，有 $f(z_1) \neq f(z_2)$，则称 $f(z)$ 为共形映射，又称保形映射.

例 6.2 考察函数 $w = e^z$ 构成的映射.

解 由于 $w = e^z$ 在复平面上解析且 $(e^z)' \neq 0$，因此它在任何区域内均构成第一类保角映射，但它不一定构成共形映射. 例如在区域 $0 < \text{Im}\,z < 4\pi$ 内，取 $z_1 = \dfrac{\pi}{2}i$，$z_2 = \left(2\pi + \dfrac{\pi}{2}\right)i$，则 $e^{z_1} = e^{z_2} = i$，因此 $w = e^z$ 不构成共形映射. 而在区域 $0 < \text{Im}\,z < 2\pi$ 内，$w = e^z$ 构成共形映射.

因此，共形映射的特点是双方单值且在区域内每点具有保角性和伸缩率不变性.

6.2 分式线性映射

定义 6.3 分式线性函数是指下列形状的函数：

$$w = \frac{\alpha z + \beta}{\gamma z + \delta}$$

其中 α、β、γ、δ 是复常数，而且 $\alpha\delta - \beta\gamma \neq 0$. 另外补充以下两点：

(1) 在 $\gamma = 0$ 时，也称它为整线性函数；

(2) 可以把分式线性函数的定义域推广到扩充复平面 $\mathbf{C}_\infty$，当 $\gamma = 0$ 时，规定它把 $z = \infty$ 映射成 $w = \infty$；当 $\gamma \neq 0$ 时，规定它把 $z = -\dfrac{\delta}{\gamma}$、$z = \infty$ 映射成 $w = \infty$、$w = \dfrac{\alpha}{\gamma}$，把 $\mathbf{C}_\infty$ 双射到 $\mathbf{C}_\infty$.

6.2.1　分式线性函数的分解

一般地，分式线性函数是由下列四种简单函数叠合而得的：

$$w = z + \alpha \ (\alpha \text{ 为一个复数})$$
$$w = e^{i\theta}z \ (\theta \text{ 为一个实数})$$
$$w = rz \ (r \text{ 为一个正数}) \tag{6.3}$$
$$w = \frac{1}{z}$$

事实上，分式线性函数有下列两种情况：

$$w = \frac{\alpha z + \beta}{\delta} = \frac{\alpha}{\delta}\left(z + \frac{\beta}{\alpha}\right) \qquad (\gamma = 0)$$

$$w = \frac{\alpha z + \beta}{\gamma z + \delta} = \frac{\alpha}{\gamma} + \frac{\beta\gamma - \alpha\delta}{\gamma^2\left(z + \dfrac{\delta}{\gamma}\right)} \qquad (\gamma \neq 0)$$

把 z 及 w 看作同一个复平面上的点，则有以下四种情况.

（1）$w = z + \alpha$，这是一个平移映射. 因为复数相加可以化为向量相加，所以在映射 $w = z + \alpha$ 之下，z 沿向量 $\boldsymbol{\alpha}$（即复数 α 所表示的向量）的方向平移一段距离 $|\boldsymbol{\alpha}|$ 后，就得到 w.

（2）$w = e^{i\theta}z$ 确定一个旋转映射，在这类映射下，有 $|w| = |z|$，$\mathrm{Arg}\, w = \mathrm{Arg}\, z + \theta$ 这类映射在保持向量 z 的长度不变的情况下，辐角旋转一个角度 θ.

（3）$w = rz(r > 0)$，在这类映射下，有 $|w| = r|z|$，$\mathrm{Arg}\, w = \mathrm{Arg}\, z$. 这类映射保持向量的方向不变，其长度放大为 r 倍，确定了一个以原点为相似中心的相似映射.

（4）$w = \dfrac{1}{z}$ 是由映射 $\omega = \dfrac{1}{z}$ 及关于实轴的对称映射 $w = \overline{\omega}$ 叠合而得，称为反演映射.

已知点 z，可用图 6.2 的几何方法作出点 $\omega = \dfrac{1}{z}$，然后作出 $w = \overline{\omega} = \dfrac{1}{z}$.

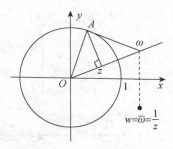

图 6.2　映射 $w = \dfrac{1}{z}$ 的几何方法

从图 6.2 中可以清楚地看出，映射 $w = \dfrac{1}{z}$ 实际上可以分两步进行. 先将 z 映射为 ω，满

足 $|\omega| = \dfrac{1}{|z|}$，且 $\text{Arg } \omega = \text{Arg } z$，再将 ω 映射为 w，满足 $|w| = |\omega|$，$\text{Arg } w = -\text{Arg } \omega$. 从几何角度看，$w$ 与 ω 是关于实轴对称的，那么 z 与 ω 的几何关系是什么呢？

定义 6.4 设某圆的半径为 R，z、ω 两点在从圆心出发的射线上，且 $\overline{Oz} \cdot \overline{O\omega} = R^2$，则称 z 和 ω 是关于圆周对称的（见图 6.2）. 自然地，规定圆心与无穷远点关于该圆周对称.

根据这一定义可知，z 和 ω 是关于单位圆对称的. 因此，映射 $w = \dfrac{1}{z}$ 可由单位圆对称映射与实轴对称映射复合而成.

为了方便地进行后面的讨论，规定反演映射 $w = \dfrac{1}{z}$ 将 $z = 0$ 映射成 $w = \infty$，将 $z = \infty$ 映射成 $w = 0$.

6.2.2 分式线性函数的保形性

定理 6.3 （分式线性变换的保形性定理）分式线性变换 $w = \dfrac{\alpha z + \beta}{\gamma z + \delta}$（其中 $\alpha\delta - \beta\gamma \neq 0$）在扩充平面上是保形的，即它把扩充 z 平面共形映射成扩充 w 平面.

根据保形变换的定义，由于分式线性变换在扩充平面上是单叶的，因此，只需讨论分式线性变换在扩充平面上的保角性. 又根据分式线性变换的分解，故只需讨论式（6.3）分解的四种简单变换的保角性即可.

下面分别讨论式（6.3）的四种简单变换的保角性，为此，先补充平面上两条曲线在无穷远点 ∞ 处的交角的定义.

定义 6.5 平面上两条无限延伸的曲线（可看成过点 ∞ 的两条曲线）在无穷远点的交角，是指它们在反演变换下的像曲线在原点（即 ∞ 在反演变换下的像点）处的交角（见图 6.3）.

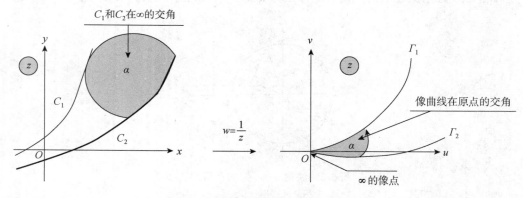

图 6.3 两条曲线在无穷远点的夹角含义示意图

对于式（6.3）的前三种变换，由于它们可合并成整线性变换 $w = kz + h$（$k \neq 0$）. 因此，只需考虑整线性变换即可.

由于整线性变换 $w = kz + h$（$k \neq 0$）将扩充 z 平面映射成扩充 w 平面，并且将扩充 z 平面上的 ∞ 变成扩充 w 平面上的 ∞. 而且当 $z \neq \infty$ 时，$w' = (kz + h)' = k \neq 0$，所以它在扩充 z 平面上 $z \neq \infty$ 的各点处是保角的.

当 $z = \infty$ 时，此时像点为 $w = \infty$，z 平面上过 ∞ 得两条曲线，其像曲线也是 w 平面上过 ∞ 的两条曲线. 根据定义 6.5，要想说明 $w = kz + h$ 在 ∞ 具有保角性，只需说明同时在两个反演变换 $w = \dfrac{1}{\mu}$ 和 $z = \dfrac{1}{\lambda}$ 下，整线性变换 $w = kz + h$ 变成下面的变换：

$$\frac{1}{\mu} = k \cdot \frac{1}{\lambda} + h, \quad 即 \mu = \frac{\lambda}{h\lambda + k}$$

在 $\lambda = 0$ 具有保角性即可，又

$$\mu' \big|_{\lambda = 0} = \left(\frac{\lambda}{h\lambda + k} \right)' \Big|_{\lambda = 0} = \frac{k}{(h\lambda + k)^2} \Big|_{\lambda = 0} = \frac{1}{k} \neq 0$$

所以变换 $\mu = \dfrac{\lambda}{h\lambda + k}$ 在 $\lambda = 0$ 具有保角性，从而整线性变换 $w = kz + h$ 在无穷远点 ∞ 处也具有保角性.

综上所述，整线性变换在扩充 z 平面上具有保角性.

对于式（6.3）中第四种简单变换，当 $z \neq 0$，$z \neq \infty$ 时，$w' = \left(\dfrac{1}{z} \right)' = -\dfrac{1}{z^2} \neq 0$，所以 $w = \dfrac{1}{z}$ 在平面上 $z \neq 0$，$z \neq \infty$ 的各点处是保角的；当 $z = 0$ 或者 $z = \infty$ 时，此时 $z = 0$ 的像点是 $w = \infty$，而 $z = \infty$ 的像点是 $w = 0$，因此根据定义 6.5，z 平面上过 $z = 0$ 得两曲线在 $z = 0$ 的交角就是像曲线在像点 $w = \infty$ 处的交角，而 z 平面上过 $z = \infty$ 得两曲线在 $z = \infty$ 的交角就是像曲线 $w = 0$ 处的交角，所以简单变换 $w = \dfrac{1}{z}$ 在 $z = 0$ 和 $z = \infty$ 处也是保角的. 故简单变换 $w = \dfrac{1}{z}$ 在扩充 z 平面上也具有保角性.

综合以上讨论，就证明了分式线性变换在扩充 z 平面上具有保角性，从而分式线性变换在扩充 z 平面上是保形的，这就证明了定理 6.3.

6.2.3　分式线性函数的保圆性

显然，根据式（6.3）中前三种变换的几何意义知，这三种变换将圆周映射成圆.

在圆的方程：

$$a(x^2 + y^2) + bx + cy + d = 0$$

（如果 $a = 0$，这表示一条直线）中，将

$$x^2 + y^2 = z\bar{z}, \quad x = \frac{z + \bar{z}}{2}, \quad y = \frac{z - \bar{z}}{2\mathrm{i}}$$

代入，则得圆的复数表示为

$$Az\bar{z} + \overline{B}z + B\bar{z} + C = 0$$

其中 $A = a$；$B = \dfrac{1}{2}(b + \mathrm{i}c)$；$C = d$ 是复常数.

对于式（6.3）中第四种变换，由于圆周或直线可表示为

$$Az\bar{z} + \overline{B}z + B\bar{z} + C = 0 \tag{6.4}$$

当 $A = 0$ 时上式表示直线，经过反演变换 $w = \dfrac{1}{z}$ 后，式（6.4）就变为 $Cw\bar{w} + \overline{B}\,\bar{w} + Bw + A = 0$，它表示直线（$C = 0$）或圆周（$C \neq 0$）.

由此就可得到以下定理.

定理 6.4 分式线性变换将平面上的圆周（直线）变为圆周或直线.

注 在扩充 z 平面上，直线可视为经过无穷远点的圆周，事实上，式（6.4）可改写为

$$A + \left(\frac{\overline{B}}{z}\right) + \frac{B}{z} + \frac{C}{z\bar{z}} = 0$$

欲使其经过 ∞，必须且只需 $A = 0$. 因此可以说：在分式线性变换下，扩充 z 平面上的圆周变为扩充 w 平面上的圆周，同时，圆被保形变换成圆.

6.2.4 分式线性变换的保对称点性

我们曾经讲过关于单位圆周的对称点这一概念（定义 6.4），现推广如下.

定义 6.6 z_1、z_2 关于圆周 γ：$|z - a| = R$ 对称是指 z_1、z_2 都在过圆心 a 的同一条射线上，且满足

$$|z_1 - a|\,|z_2 - a| = R^2 \tag{6.5}$$

此外，还规定圆心 a 与点 ∞ 也是关于 γ 对称的（见图 6.4）.

由定义即知：要使 z_1、z_2 关于圆周 γ：$|z - a| = R$ 对称，必须且只需 $z_2 - a = \dfrac{R^2}{\overline{z_1 - a}}$.

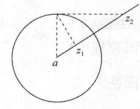

图 6.4 z_1、z_2 关于圆周 γ：$|z - a| = R$ 对称

下述定理从几何方面说明了对称点的特性.

定理 6.5 扩充 z 平面上两点 z_1、z_2 关于圆周 γ 对称的充要条件是：通过 z_1、z_2 的任意圆周都与 γ 正交.

证明 当 γ 为直线的情形，定理的正确性是很明显的，我们只就 γ 为有限圆周 $|z - a| = R$ 的情形（见图 6.5）给予证明.

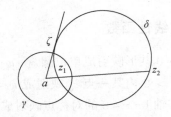

图 6.5 两点 z_1，z_2 关于圆周 γ 对称

（1）必要性. 设 z_1、z_2 关于圆周 γ：$|z - a| = R$ 对称，则 过 z_1、z_2 的直线必然与 γ 正交（按对称点的定义，z_1、z_2 在从 a 出发的同一条射线上）.

设 δ 是过 z_1、z_2 的任一圆周（非直线），其切线为 $a\zeta$，ζ 为切点，由平面几何的定理得

$$|\zeta - a|^2 = |z_1 - a| \, |z_2 - a|$$

但由 z_1、z_2 关于圆周 γ 对称的定义，有

$$|z_1 - a| \, |z_2 - a| = R^2$$

所以

$$|\zeta - a| = R$$

即 $a\zeta$ 是圆周 γ 的半径，因此 δ 与 $z = 0$ 正交.

（2）充分性. 设过 z_1，z_2 的每一圆周都与 $z = 0$ 正交，过 z_1，z_2 作一圆周（非直线）δ，则 δ 与 $z = 0$ 正交. 设交点之一为 ζ，则 $z = 0$ 的半径 $a\zeta$ 必为 δ 的切线.

连接 z_1、z_2，延长后必经过 a（因为过 z_1、z_2 的直线与 $z = 0$ 正交），即 z_1、z_2 是在从 a 出发的同一条射线上，并且由平面几何的定理得

$$R^2 = |\zeta - a|^2 = |z_1 - a| \, |z_2 - a|$$

因此，z_1、z_2 关于圆周 $z = 0$ 对称.

下述定理就是分式线性变换的保对称点性.

定理 6.6 设扩充 z 平面上两点 z_1、z_2 关于圆周 γ 对称，$w = L(z)$ 为一分式线性变换，则 $w_1 = L(z_1)$，$w_2 = L(z_2)$ 两点关于圆周 $\Gamma = L(\gamma)$ 对称.

证明 设 Δ 是扩充 w 平面上经过 w_1、w_2 的任意圆周. 此时，必然存在一个圆周 δ，它经过 z_1、z_2，并使 $\Delta = L(\delta)$. 因为 z_1、z_2 关于 γ 对称，故由定理 6.5 知，δ 与 γ 正交. 由于分式线性变换 $w = L(z)$ 的保角性，$\Delta = L(\delta)$ 与 $\Gamma = L(\gamma)$ 亦正交. 这样，再由定理 6.5，即知 w_1、w_2 关于 $\Gamma = L(\gamma)$ 对称.

考虑扩充 w 平面上的一个圆 $|w| = R$，分式线性函数 $w = \dfrac{z - z_1}{z - z_2}$ 把 z_1 及 z_2 映射成关于圆 $|w| = R$ 的对称点 0 及 ∞，把扩充 z 平面上的曲线

$$\left| \frac{z - z_1}{z - z_2} \right| = R$$

映射成为圆 $|w| = R$，上式表示一个圆，z_1 及 z_2 是关于它对称的点.

6.2.5 两个特殊的分式线性函数

（1）试求把上半平面 $\text{Im } z > 0$ 共形映射成单位圆盘 $|w| < 1$ 的分式线性函数.

这种函数应当一方面把 $\text{Im } z > 0$ 内某一点 z_0 映射成 $w = 0$，一方面把 $\text{Im } z = 0$ 映射成 $|w| = 1$. 由于线性函数把关于实轴 $\text{Im } z = 0$ 的对称点映射成关于圆 $|w| = 1$ 的对称点，所求函数不仅把 z_0 映射成 $w = 0$，而且把 $\bar{z}_0$ 映射成 $w = \infty$. 因此这种函数的形式是

$$w = \lambda \frac{z - z_0}{z - \bar{z}_0}$$

其中 λ 是一个复常数，其次，如果 z 是实数，那么

$$|w| = |\lambda| \left| \frac{z - z_0}{z - \bar{z}_0} \right| = |\lambda| = 1$$

于是 $\lambda = e^{i\theta}$，其中 θ 是一个实常数. 因此所求的函数应是

$$w = e^{i\theta} \frac{z - z_0}{z - \bar{z}_0}$$

由于当 z 是实数时，$|w| = 1$，因此该函数把直线 $\text{Im } z = 0$ 映射成圆 $|w| = 1$，从而把上半平面 $\text{Im } z > 0$ 映射成 $|w| < 1$ 或 $|w| > 1$；又因为当 $z = z_0$ 时，$|w| = 0 < 1$，因此这个函数正是所要求的. 需要注意以下三点：

①圆盘 $|w| < 1$ 的直径是由通过 z_0 及 $\bar{z}_0$ 的圆在上半平面的弧映射成的；

②以 $w = 0$ 为圆心的圆由以 z_0 及 $\bar{z}_0$ 为对称点的圆映射成的；

③ $w = 0$ 是由 $z = z_0$ 映射成的.

（2）试求把单位圆 $|z| < 1$ 共形映射成单位圆盘 $|w| < 1$ 的分式线性函数.

这种函数应当把 $|z| < 1$ 内某一点 z_0 映射成 $w = 0$，并且把 $|z| = 1$ 映射成 $|w| = 1$. 不难看出，与 z_0 关于圆 $|z| = 1$ 对称的点是 $\dfrac{1}{\bar{z}_0}$，和上面一样，这种函数还应当把 $\dfrac{1}{\bar{z}_0}$ 映射成 $w = \infty$. 因此这种函数的形式是：

$$w = \lambda \frac{z - z_0}{z - 1/\bar{z}_0} = \lambda_1 \frac{z - z_0}{1 - z\bar{z}_0}$$

其中 λ、λ_1 是一个复常数. 其次，如果 $|z| = 1$，那么

$$1 - z\bar{z}_0 = z\bar{z} - \bar{z}_0 z = z(\bar{z} - \bar{z}_0)$$

于是

$$|w| = |\lambda_1| \left| \frac{z - z_0}{1 - z\bar{z}_0} \right| = |\lambda_1| = 1$$

因此 $\lambda_1 = e^{i\theta}$，其中 θ 是一个实常数. 因此所求的函数应是

$$w = e^{i\theta} \frac{z - z_0}{1 - z\bar{z}_0}$$

由于当 $|z| = 1$ 时，$|w| = 1$，因此该函数把圆 $|z| = 1$ 映射成圆 $|w| = 1$，从而把 $|z| < 1$

映射成 $|w| < 1$ 或 $||w| > 1$；又因为当 $z = z_0$ 时，$|w| = 0 < 1$，因此，这个函数正是我们所要求的.

注 1：圆盘 $|w| < 1$ 的直径是由通过 z_0 及 $\dfrac{1}{z_0}$ 的圆在 $|z| < 1$ 内的弧映射成的.

注 2：以 $w = 0$ 为圆心的圆是由以 z_0 及 $\dfrac{1}{z_0}$ 为对称点的圆映射成的.

注 3：$w = 0$ 是由 $z = z_0$ 映射成的.

例 6.3　求将上半平面 $\mathrm{Im}(z) > 0$ 映射成 $|w| < 1$ 单位圆的分式线性变换 $w = f(z)$，并满足条件 $f(\mathrm{i}) = 0$，$\mathrm{Arg}\, f'(\mathrm{i}) = 0$.

解　将上半平面 $\mathrm{Im}(z) > 0$ 映射成单位圆 $|w| < 1$ 的一般分式线性映射为

$$w = k \cdot \frac{z - \alpha}{z - \bar{\alpha}} \qquad \mathrm{Im}\,\alpha > 0$$

由 $f(\mathrm{i}) = 0$ 得 $\alpha = \mathrm{i}$，又由 $\mathrm{Arg}\, f'(\mathrm{i}) = 0$，即 $f'(z) = \mathrm{e}^{\mathrm{i}\theta} \cdot \dfrac{2\mathrm{i}}{(z + \mathrm{i})^2}$，$f'(\mathrm{i}) = \dfrac{1}{2}\mathrm{e}^{\mathrm{i}\left(\theta - \frac{\pi}{2}\right)} = 0$，得 $\theta = \dfrac{\pi}{2}$，所以 $w = \mathrm{i} \cdot \dfrac{z - \mathrm{i}}{z + \mathrm{i}}$.

6.3　分式线性变换的唯一性

定理 6.7　设 z_1、z_2、z_3 是扩充 z 平面上的三个相异的点，w_1、w_2、w_3 是扩充 w 平面上的三个相异的点，则存在唯一的分式线性变换把 z_1、z_2、z_3 分别映射成 w_1、w_2、w_3，并且此变换可以写成

$$(z_1,\ z_2,\ z_3,\ z) = (w_1,\ w_2,\ w_3,\ w)$$

即 $\dfrac{z - z_1}{z - z_2} : \dfrac{z_3 - z_1}{z_3 - z_2} = \dfrac{w - w_1}{w - w_2} : \dfrac{w_3 - w_1}{w_3 - w_2}$.（此定理表明：三对对应点唯一确定一个分式线性变换）

证明　首先，证明满足要求的分式线性变换的存在性.

事实上，整理 $\dfrac{z - z_1}{z - z_2} : \dfrac{z_3 - z_1}{z_3 - z_2} = \dfrac{w - w_1}{w - w_2} : \dfrac{w_3 - w_1}{w_3 - w_2}$ 得

$$\frac{w - w_1}{w - w_2} = \left(\frac{w_3 - w_1}{w_3 - w_2} \cdot \frac{z_3 - z_2}{z_3 - z_1}\right)\frac{z - z_1}{z - z_2} \triangleq A \cdot \frac{z - z_1}{z - z_2}$$

其中 $A \triangleq \dfrac{w_3 - w_1}{w_3 - w_2} \cdot \dfrac{z_3 - z_2}{z_3 - z_1}$，即

$$\frac{w_2 - w_1}{w - w_2} = A \cdot \frac{z - z_1}{z - z_2} - 1 = \frac{(A - 1)z - (Az_1 - z_2)}{z - z_2}$$

也即 $w = (w_2 - w_1)\dfrac{z - z_2}{(A - 1)z - (Az_1 - z_2)} + w_2$，显然它是一个分式线性变换，并满足把 z_1、z_2、z_3 分别映射成 w_1、w_2、w_3.

其次，证明满足条件的分式线性变换是唯一的.

事实上，设满足条件的分式线性变换为 $w = L(z)$，记任一点 z 在 $w = L(z)$ 下的像点为 w，有

$$(z_1, z_2, z_3, z) = (w_1, w_2, w_3, w)$$

即

$$\frac{z - z_1}{z - z_2} : \frac{z_3 - z_1}{z_3 - z_2} = \frac{w - w_1}{w - w_2} : \frac{w_3 - w_1}{w_3 - w_2}$$

当四点中有一点为 ∞ 时，应将包含此点的项目 1 代替。所以 $w = L(z)$ 也可表示成

$$w = (w_2 - w_1) \frac{z - z_2}{(A - 1)z - (Az_1 - z_2)} + w_2$$

这表明满足条件的变换是唯一的.

例6.4 求将 2、i、−2 对应地变为−1、i、1 的分式线性变换.

解 根据定理6.7，所求的分式线性变换为

$$(2, i, -2, z) = (-1, i, 1, w)$$

即

$$\frac{z - 2}{z - i} : \frac{-2 - 2}{-2 - i} = \frac{w + 1}{w - i} : \frac{1 + 1}{1 - i}$$

整理得

$$\frac{w + 1}{w - i} = \frac{2}{1 - i} \cdot \frac{z - 2}{-4}$$

从中把 w 用 z 的表达式表示出来，得

$$w = \frac{i(z + 1) - (1 + 2i)}{z - i - 1}.$$

例6.5 求将 2、∞、−2 对应地变为 −1、i、1 的分式线性变换. 在上面三对对应点中，如果把 i 换成 ∞，其他对应点不变，分式线性变换是否发生变化?

解 根据定理6.7，所求的分式线性变换为

$$(2, \infty, -2, z) = (-1, i, 1, w)$$

即

$$\frac{z - 2}{1} : \frac{-2 - 2}{1} = \frac{w + 1}{w - i} : \frac{1 + 1}{1 - i}$$

整理得

$$\frac{w + 1}{w - i} = \frac{1}{2(1 - i)} \frac{z - 2}{z - i} = \frac{1 + i}{4} \frac{z - 2}{z - i}$$

从中把 w 用 z 的表达式表示出来得

$$w = \frac{-(3 + i)z + 6i - 2}{(3 - i)z + 2 - 2i} = \frac{(3 + i)(-z + 2i)}{(3 - i)z + 2 - 2i}$$

如果把 i 换成 ∞，则所求的分式线性变换为

$$(2, \infty, -2, z) = (-1, \infty, 1, w)$$

即

$$\frac{z-2}{1} : \frac{-2-2}{1} = \frac{w+1}{1} : \frac{1+1}{1}$$

整理得 $w + 1 = -\frac{1}{2}(z - 2)$，即 $w = -\frac{1}{2}z$，显然变换发生了变化.

6.4 几个初等函数所构成的映射

初等函数所构成的共形映射对今后研究较复杂的共形映射大有作用.

6.4.1 幂函数与根式函数

先讨论幂函数：

$$w = z^n \tag{6.6}$$

其中 n 是大于 1 的自然数. 除了 $z = 0$ 及 $z = \infty$ 外，该幂函数处处具有不为零的导数，因而在这些点是保角的.

由第 2 章知，式 (6.6) 的单叶性区域是顶点在原点张度不超过 $\frac{2\pi}{n}$ 的角形区域. 例如，幂函数在角形区域 d：$0 < \mathrm{Arg}\, z < \alpha \left(0 < \alpha \leq \frac{2\pi}{n}\right)$ 内是单叶的，因而也是保形的（因为不保角的点 $z = 0$ 及 $z = \infty$ 在 d 的边界上，不在 d 内）. 于是式 (6.6) 的幂函数将角形区域 d：$0 < \mathrm{Arg}\, z < \alpha \left(0 < \alpha \leq \frac{2\pi}{n}\right)$ 共形映射成角形区域 D：$0 < \mathrm{Arg}\, w < n\alpha$，见图 6.6.

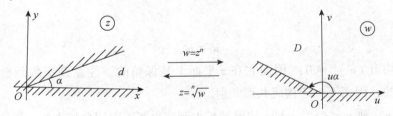

图 6.6 幂函数和根式函数

特别地，$w = z^n$ 将角形区域 $0 < \mathrm{Arg}\, z < \frac{2\pi}{n}$ 共形映射成 w 平面上除去原点及正实轴的区域（见图 6.7）.

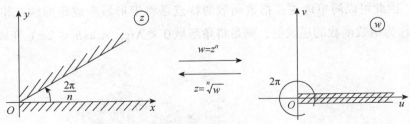

图 6.7 幂函数和根式函数的特殊情况

作为 $w = z^n$ 的逆变换：

$$z = \sqrt[n]{w} \qquad\qquad (6.7)$$

其将 w 平面上的角形区域 D：$0 < \mathrm{Arg}\, w < n\alpha \left(0 < \alpha \leqslant \dfrac{2\pi}{a}\right)$ 共形映射成 z 平面上的角形区域 d：$0 < \mathrm{Arg}\, w < \alpha$（见图 6.6）.（这里 $\sqrt[n]{w}$ 是 D 内的一个单值解析分支，它的值完全由区域 d 确定）.

总之，当要将角形区域的张度拉大或缩小时，就可以利用式（6.6）的幂函数式（6.7）的根式函数所构成的共形映射.

例 6.6 求一共形映射，将区域 $-\dfrac{\pi}{4} < \mathrm{Arg}\, z < \dfrac{\pi}{2}$ 共形映射成上半平面. 使 $z = 1 - \mathrm{i}$，i，0 分别变成 $w = 2$，-1，0.

解 易知 $\xi = \left[\left(\mathrm{e}^{\frac{\pi}{4}\mathrm{i}} \cdot z\right)^{\frac{1}{3}}\right]^4 = \left(\mathrm{e}^{\frac{\pi}{4}\mathrm{i}} \cdot z\right)^{\frac{4}{3}}$ 将指定区域变成上半平面，不过 $z = 1 - \mathrm{i}$，i，0 变成 $\xi = \sqrt[3]{4}$，-1，0.

再作上半平面到上半平面的分式线性变换，使 $\xi = \sqrt[3]{4}$，-1，0 变成 $w = 2$，-1，0. 此变换为

$$w = \frac{2(\sqrt[3]{4} + 1)\xi}{(\sqrt[3]{4} - 2)\xi + 3\sqrt[3]{4}}$$

6.4.2 指数函数与对数函数

指数函数：

$$w = \mathrm{e}^z \qquad\qquad (6.8)$$

在任意有限点均有 $(\mathrm{e}^z)' \neq 0$，因而它在 z 平面上是保角的. 注意到指数函数是周期函数，不是双方单值的，因而不一定构成共形映射.

令 $z = x + \mathrm{i}y$，则 $w = r^n \mathrm{e}^{\mathrm{i}n\theta}$，即 z 的模被扩大到 n 次幂，而辐角扩大为 n 倍. 为方便起见，仅对带形域（或半带形域）进行考虑. 设有带形域 $0 < \mathrm{Im}\, z < h$，则对此区域内的任意一点 z，经映射后其像点 w 的辐角满足 $0 < \mathrm{Arg}\, w < h$，因此要使双方单值，h 应满足 $h \leqslant 2\pi$.

由此得到，函数 $w = \mathrm{e}^z$ 将带形域 $0 < \mathrm{Im}\, z < h (h \leqslant 2\pi)$ 共形映射为角形域 $0 < \mathrm{Arg}\, w < h$（见图 6.8）. 因此可以简单地说，指数函数的特点是将带形域变成角形域. 相应地，对数函数 $w = \ln z$ 作为指数函数的逆映射，则是将角形域 $0 < \mathrm{Arg}\, z < h (h \leqslant 2\pi)$ 变成带形域 $0 < \mathrm{Im}\, w < h$.

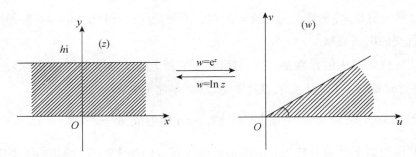

图 6.8　指数函数

这里所提到的带形域的实部是取所有实数，但若实部是在某范围内取值的话，则应注意像区域内点的模的范围.

例如，对于左半带形域 $D = \{z: \operatorname{Re} z < 0,\ 0 < \operatorname{Im} z < h\}$，则在映射 $w = e^z$ 下像区域为扇形域 $G = \{w: 0 < |w| < 1,\ 0 < \operatorname{Arg} w < h\}$，其中 $h \leqslant 2\pi$.

如果要把带形域映射成角形域，常利用指数函数.

例 6.7　求映射，将带形域 $0 < \operatorname{Im} z < \pi$ 映射成单位圆.

解　首先通过指数函数 $\tau = e^z$ 将带形域 $0 < \operatorname{Im} z < \pi$ 映射成上半平面 $\operatorname{Im} \tau > 0$，再有分式线性变换 $w = \dfrac{\tau - i}{\tau + i}$ 可以将 $\operatorname{Im} \tau > 0$ 映射成 $|w| < 1$．因此所求映射为

$$w = \frac{e^z - i}{e^z + i}$$

6.4.3　综合举例

例 6.8　求将上半平面 $\operatorname{Im} z > 0$ 映射成单位圆 $|w - 2i| < 2$，且满足条件：$w(2i) = 2i$，$\operatorname{Arg} w'(2i) = -\dfrac{\pi}{2}$ 的分式线性映射 $w = f(z)$.

解　作一个线性变换 $\xi = \dfrac{w - 2i}{2}$ 将圆 $|w - 2i| < 2$ 共形映射成单位圆 $|\xi| < 1$，再作出上半平面 $\operatorname{Im} z > 0$ 到单位圆 $|\xi| < 1$ 的映射，使得 $z = 2i$ 时 $\xi = 0$，此变换为 $\xi = e^{i\theta} \dfrac{z - 2i}{z + 2i}$，即

$\dfrac{w - 2i}{2} = e^{i\theta} \dfrac{z - 2i}{z + 2i}$，从而 $w'(2i) = 2e^{i\theta} \dfrac{1}{4i}$，$\operatorname{Arg} w'(2i) = \theta + \dfrac{\pi}{2} = \dfrac{\pi}{2}$，$\theta = 0$，可知：$w = \dfrac{2(1 + i)(z - 2)}{z + 2i}$.

例 6.9　求作一个单叶函数，把半圆盘 $|z| < 1$，$\operatorname{Im} z > 0$ 共形映射成上半平面.

解　因为圆及实轴在 -1 及 $+1$ 直交，所以作分式线性函数

$$w' = \frac{z + 1}{z - 1}$$

把 -1 及 $+1$ 分别映射成 w' 平面上的 0 及 ∞ 两点，于是把 $|z|=1$ 及 $\mathrm{Im}\,z=0$ 映射成 w' 平面上在原点互相直交的两条直线.

由于分式线性函数中的系数是实数，所以，z 平面上的实轴映射成 w' 平面上的实轴；又由于 $z=0$ 映射成 $w'=-1$，半圆的直径映射成 w' 平面上的负实轴.

显然，圆 $|z|=1$ 映射成 w' 平面上的虚轴，$z=\mathrm{i}$ 映射成 $w'=\dfrac{\mathrm{i}+1}{\mathrm{i}-1}=-\mathrm{i}$.

根据在共形映射下区域及其边界之间的对应关系，已给半圆盘映射到 w' 平面上的区域，因此它是第三象限，即 $\pi<\mathrm{Arg}\,w'<\dfrac{3\pi}{2}$.

最后作映射：

$$w=w'^2$$

当 w' 在第三象限中变化时，$\mathrm{Arg}\,w'$ 在 $2\pi\sim3\pi$ 之间变化，因此，w' 平面上的第三象限就映照成 w 平面上的上半平面.

因此，所求单叶函数为

$$w=w'^2=\left(\frac{z+1}{z-1}\right)^2$$

习题 6

1. 求映射 $w=\dfrac{1}{z}$ 下，下列曲线的像；

（1）$x^2+y^2=ax$ （$a\neq0$，为实数）；

（2）$y=kx$（k 为实数）.

2. 求 $w=z^2$ 在 $z=\mathrm{i}$ 处的伸缩率和旋转角，问 $w=z^2$ 将经过点 $z=\mathrm{i}$ 且平行于实轴正向的曲线的切线方向映射成 w 平面上哪一个方向？并作图.

3. 下列区域在指定的映射下映射成什么？

（1）$\mathrm{Im}\,z>0$，$w=(1+\mathrm{i})z$；（2）$\mathrm{Re}\,z>0$，$0<\mathrm{Im}\,z<1$，$w=\dfrac{\mathrm{i}}{z}$.

4. 求将上半平面 $\mathrm{Im}\,z>0$，映射成 $|w|<1$ 单位圆的分式线性变换 $w=f(z)$，并满足条件 $f(1)=1$，$f(\mathrm{i})=\dfrac{1}{\sqrt{5}}$.

5. 求将 $|z|<1$ 映射成 $|w|<1$ 的分式线性变换 $w=f(z)$，并满足条件：

（1）$f\left(\dfrac{1}{2}\right)=0$，$f(-1)=1$；

（2）$f\left(\dfrac{1}{2}\right)=0$，$\mathrm{Arg}\,f'\left(\dfrac{1}{2}\right)=\dfrac{\pi}{2}$.

6. 求分式线性变换 $w(z)$, 使 $|z|=1$ 映射为 $|w|=1$, 且使 $z=1$, $1+i$ 映射为 $w=1$, ∞.

7. 设 $b>a>0$, 试求区域 D: $|z-a|>a$ 且 $|z-b|<b$ 到上半平面 $\operatorname{Im} w>0$ 的一个映射 $w(z)$.

第 7 章

傅里叶变换

在数学中，人们为了把较复杂的运算转化为较简单的运算，常常采取某种手段将问题进行转换，从另外的角度来处理与分析问题，这就是所谓变换的方法. 而变换的目的无非就两个：第一、使问题的性质更清晰，更便于分析；第二、使问题的求解更方便. 但变换不同于化简，它必须是可逆的，即必须有与之匹配的逆变换. 由于工程实际问题都是相对复杂的，因此，变换是一种常用的方法. 例如，在初等数学中，数量的乘积和商可以通过对数变换化为较为简单的加法和减法运算，在工程数学里积分变换能够将分析运算（如微分、积分）转化为代数运算.

本章将要介绍的傅里叶变换，就是一种对连续时间函数的积分变换，即通过某种积分运算，把一个函数化为另一个函数，同时还具有对称形式的逆变换. 它既能简化计算，如求解微分方程、化卷积为乘积，又具有非常特殊的物理意义，因而在物理学、力学、无线电技术以及信号处理等诸多领域被广泛应用. 而在此基础上发展起来的离散傅里叶变换，在当今数字时代更是显得尤为重要.

7.1 傅里叶变换的概念

在讨论傅里叶变换之前，我们有必要先回顾一下傅里叶级数展开，进而引入傅里叶积分.

7.1.1 傅里叶积分

1804 年，傅里叶首次提出 "在有限区间上由任意图形定义的任意函数都可以表示为单纯的正弦与余弦之和", 但并没有给出严格的证明. 1829 年, 法国数学家狄利克雷证明了下面的定理, 为傅里叶级数奠定了理论基础.

定理 7.1 设 $f_T(t)$ 是以 T 为周期的实值函数, 且在 $\left[-\dfrac{T}{2}, \dfrac{T}{2}\right]$ 上满足狄利克雷条件,

即 $f_T(t)$ 在 $\left[-\dfrac{T}{2}, \dfrac{T}{2}\right]$ 上满足:

(1) 连续或只有有限个第一类间断点;

(2) 只有有限个极值点.

则在 $f_T(t)$ 的连续点处有

$$f_T(t) = \frac{a_0}{2} + \sum_{n=1}^{+\infty} (a_n \cos n\omega_0 t + b_n \sin n\omega_0 t) \tag{7.1}$$

式中, $\omega_0 = \dfrac{2\pi}{T}$; $a_n = \dfrac{2}{T} \displaystyle\int_{-\frac{T}{2}}^{\frac{T}{2}} f_T(t) \cos n\omega_0 t \, \mathrm{d}t \,(n = 0, 1, \cdots)$; $b_n = \dfrac{2}{T} \displaystyle\int_{-\frac{T}{2}}^{\frac{T}{2}} f_T(t) \sin n\omega_0 t \, \mathrm{d}t \,(n = 1,$

$2, \cdots)$.

在间断点 t_0 处, 式 (7.1) 左端为 $\dfrac{1}{2}[f_T(t_0 + 0) + f_T(t_0 - 0)]$.

由于正弦函数与余弦函数可以统一地由指数函数表示, 因此, 可以得到另外一种更为简洁的形式. 根据欧拉公式可知 (其中 $\mathrm{i} = \sqrt{-1}$):

$$\cos n\omega_0 t = \frac{1}{2}(\mathrm{e}^{\mathrm{i} n\omega_0 t} + \mathrm{e}^{-\mathrm{i} n\omega_0 t})$$

$$\sin n\omega_0 t = \frac{\mathrm{i}}{2}(\mathrm{e}^{-\mathrm{i} n\omega_0 t} - \mathrm{e}^{\mathrm{i} n\omega_0 t})$$

将其代入式 (7.1) 得

$$f_T(t) = \frac{a_0}{2} + \sum_{n=1}^{+\infty} \left(\frac{a_n - \mathrm{i} b_n}{2} \mathrm{e}^{\mathrm{i} n\omega_0 t} + \frac{a_n + \mathrm{i} b_n}{2} \mathrm{e}^{-\mathrm{i} n\omega_0 t} \right)$$

令 $c_0 = \dfrac{a_0}{2}$, $c_n = \dfrac{a_n - \mathrm{i} b_n}{2}$, $c_{-n} = \dfrac{a_n + \mathrm{i} b_n}{2} (n = 1, 2, \cdots)$, 可得

$$f_T(t) = \sum_{n=-\infty}^{+\infty} c_n \mathrm{e}^{\mathrm{i} n\omega_0 t} \tag{7.2}$$

$$c_n = \frac{1}{T} \int_{-\frac{T}{2}}^{\frac{T}{2}} f_T(t) \mathrm{e}^{-\mathrm{i} n\omega_0 t} \mathrm{d}t \qquad n = 0, \pm 1, \pm 2, \cdots \tag{7.3}$$

这里系数 c_n 既可直接由式 (7.2) 及函数族 $\{\mathrm{e}^{\mathrm{i} n\omega_0 t}\}$ 的正交性得到, 也可根据 c_n 与 a_n、b_n 的关系以及 a_n、b_n 的计算公式得到, 且 c_n 具有唯一性.

称式 (7.1) 为傅里叶级数的三角形式, 而称式 (7.2) 为傅里叶级数的复指数形式.

下面讨论定义在整个实轴上, 但是非周期函数的展开问题. 当然在这里只是形式推导, 有关严格的证明读者可参考数学分析方面的相关教材.

任何一个非周期函数 $f(t)$ 都可以看成由某个周期函数 $f_T(t)$ 当 $T \to +\infty$ 时转化来的. 事实上, 由式 (7.2) 与式 (7.3) 有

$$f(t) = \lim_{T \to +\infty} f_T(t)$$

$$= \lim_{T \to +\infty} \sum_{n=-\infty}^{+\infty} \left[\frac{1}{T} \int_{-\frac{T}{2}}^{\frac{T}{2}} f_T(\tau) e^{-in\omega_0\tau} d\tau \right] e^{in\omega_0 t}$$

将间隔 ω_0 记为 $\Delta\omega$, 节点 $n\omega_0$ 记为 ω_n, 并由 $T = \dfrac{2\pi}{\omega_0} = \dfrac{2\pi}{\Delta\omega}$, 得

$$f(t) = \frac{1}{2\pi} \lim_{\Delta\omega \to 0} \sum_{n=-\infty}^{+\infty} \left[\int_{-\frac{\pi}{\Delta\omega}}^{\frac{\pi}{\Delta\omega}} f_T(\tau) e^{-i\omega_n\tau} d\tau \cdot e^{i\omega_n t} \right] \Delta\omega$$

这是一个和式的极限, 按照积分的定义, 在一定条件下, 上式可写为

$$f(t) = \frac{1}{2\pi} \int_{-\infty}^{+\infty} \left[\int_{-\infty}^{+\infty} f(\tau) e^{-i\omega\tau} d\tau \right] e^{i\omega t} d\omega \tag{7.4}$$

由此得到下面的定理.

定理 7.2 (傅氏积分定理) 如果定义在 $(-\infty, +\infty)$ 上的函数 $f(t)$ 满足下列条件:

(1) $f(t)$ 在任一有限区间上满足狄利克雷条件;

(2) $f(t)$ 在 $(-\infty, +\infty)$ 上绝对可积, 即 $\int_{-\infty}^{+\infty} |f(t)| dt < +\infty$. 则式 (7.4) 成立.

并且在 $f(t)$ 的间断点处, 式 (7.4) 的左端应为 $\dfrac{1}{2}[f(t+0) + f(t-0)]$.

我们称式 (7.4) 为傅里叶积分公式, 简称傅氏积分.

7.1.2 傅里叶变换

从式 (7.4) 出发, 令

$$F(\omega) = \int_{-\infty}^{+\infty} f(t) e^{-i\omega t} dt \tag{7.5}$$

则有

$$f(t) = \frac{1}{2\pi} \int_{-\infty}^{+\infty} F(\omega) e^{i\omega t} d\omega \tag{7.6}$$

上面两式中的反常积分都是柯西意义下的主值, 在 $f(t)$ 的间断点处, 式 (7.6) 左端应为 $\dfrac{1}{2}[f(t+0) + f(t-0)]$.

可以看出, 由式 (7.5) 与式 (7.6) 定义了一个变换对, 即对于任一已知函数 $f(t)$, 通过指定的积分运算, 得到一个与之对应的函数 $F(\omega)$; 而 $F(\omega)$ 通过类似的积分运算, 可以恢复到 $f(t)$. 它们具有非常优美的对称形式, 且具有明确的物理意义和极好的数学性质. 由于它们是从傅里叶级数得来的, 因此我们给出如下定义.

定义 7.1 若函数 $f(t)$ 在 $(-\infty, +\infty)$ 上满足傅里叶积分定理的条件, 则称式 (7.5) 为 $f(t)$ 的傅里叶变换 (简称傅氏变换), 其中函数 $F(\omega)$ 称为 $f(t)$ 的像函数, 记为

$F(\omega) = \mathscr{F}[f(t)]$；称式（7.6）为 $f(t)$ 的傅里叶逆变换（简称傅氏逆变换），其中函数 $f(t)$ 称为 $F(\omega)$ 的像原函数，记为 $f(t) = \mathscr{F}^{-1}[F(\omega)]$．

例 7.1 求函数 $f(t) = \begin{cases} 0, & t < 0 \\ \mathrm{e}^{-\beta t}, & t \geqslant 0 \end{cases}$ 的傅里叶变换及其积分表达式，其中 $\beta > 0$．这个 $f(t)$ 叫作指数衰减函数，是工程技术中常碰到的一个函数．

解 根据式（7.5），有

$$F(\omega) = \mathscr{F}[f(t)] = \int_{-\infty}^{+\infty} f(t)\mathrm{e}^{-\mathrm{i}\omega t}\mathrm{d}t$$

$$= \int_{0}^{+\infty} \mathrm{e}^{-\beta t}\mathrm{e}^{-\mathrm{i}\omega t}\mathrm{d}t = \int_{0}^{+\infty} \mathrm{e}^{-(\beta+\mathrm{i}\omega)t}\mathrm{d}t$$

$$= \frac{1}{\beta + \mathrm{i}\omega} = \frac{\beta - \mathrm{i}\omega}{\beta^2 + \omega^2}$$

这便是指数衰减函数的傅里叶变换．下面来求指数衰减函数的积分表达式．

根据式（7.6），并利用奇偶函数的积分性质，可得

$$f(t) = \mathscr{F}^{-1}[F(\omega)] = \frac{1}{2\pi}\int_{-\infty}^{+\infty} F(\omega)\mathrm{e}^{\mathrm{i}\omega t}\mathrm{d}\omega$$

$$= \frac{1}{2\pi}\int_{-\infty}^{+\infty} \frac{\beta - \mathrm{i}\omega}{\beta^2 + \omega^2}\mathrm{e}^{\mathrm{i}\omega t}\mathrm{d}\omega$$

$$= \frac{1}{2\pi}\int_{-\infty}^{+\infty} \frac{\beta\cos\omega t + \omega\sin\omega t}{\beta^2 + \omega^2}\mathrm{d}\omega$$

$$= \frac{1}{\pi}\int_{0}^{+\infty} \frac{\beta\cos\omega t + \omega\sin\omega t}{\beta^2 + \omega^2}\mathrm{d}\omega$$

例 7.2 求函数 $f(t) = A\mathrm{e}^{-\beta t^2}$ 的傅里叶变换及其积分表达式，其中 $A > 0$，$\beta > 0$．这个函数叫作矩形脉冲函数，也是工程技术中常碰到的一个函数．

解 根据式（7.5），有

$$F(\omega) = \mathscr{F}[f(t)] = \int_{-\infty}^{+\infty} f(t)\mathrm{e}^{-\mathrm{i}\omega t}\mathrm{d}t = A\int_{-\infty}^{+\infty} \mathrm{e}^{-\beta\left(t^2 + \frac{\mathrm{i}\omega}{\beta}t\right)}\mathrm{d}t$$

$$= A\mathrm{e}^{-\frac{\omega^2}{4\beta}}\int_{-\infty}^{+\infty} \mathrm{e}^{-\beta\left(t + \frac{\mathrm{i}\omega}{2\beta}\right)^2}\mathrm{d}t$$

如令 $t + \dfrac{\mathrm{i}\omega}{2\beta} = s$，则上式为一复变函数的积分，即

$$\int_{-\infty}^{+\infty} \mathrm{e}^{-\beta\left(t + \frac{\mathrm{i}\omega}{2\beta}\right)^2}\mathrm{d}t = \int_{-\infty + \frac{\mathrm{i}\omega}{2\beta}}^{+\infty + \frac{\mathrm{i}\omega}{2\beta}} \mathrm{e}^{-\beta s^2}\mathrm{d}s$$

由于 $\mathrm{e}^{-\beta s^2}$ 为复平面 s 上的解析函数，取闭曲线 l：矩形 $ABCDA$（见图 7.1），按柯西积分定理，有 $\oint_l \mathrm{e}^{-\beta s^2}\mathrm{d}s = 0$，即

$$\left(\int_{l_{AB}} + \int_{l_{BC}} + \int_{l_{CD}} + \int_{l_{DA}}\right)\mathrm{e}^{-\beta s^2}\mathrm{d}s = 0$$

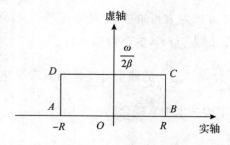

图 7.1 闭曲线 l

其中，当 $R \to +\infty$ 时，有

$$\int_{l_{AB}} \mathrm{e}^{-\beta s^2} \mathrm{d}s = \int_{-R}^{R} \mathrm{e}^{-\beta t^2} \mathrm{d}t \to \int_{-\infty}^{+\infty} \mathrm{e}^{-\beta t^2} \mathrm{d}t = \sqrt{\frac{\pi}{\beta}}$$

$$\left| \int_{l_{BC}} \mathrm{e}^{-\beta s^2} \mathrm{d}s \right| = \left| \int_{R}^{R + \frac{\mathrm{i}\omega}{2\beta}} \mathrm{e}^{-\beta s^2} \mathrm{d}s \right|$$

$$= \left| \int_{0}^{\frac{\omega}{2\beta}} \mathrm{e}^{-\beta(R + \mathrm{i}u)^2} \mathrm{d}(R + \mathrm{i}u) \right|$$

$$\leqslant \mathrm{e}^{-\beta R^2} \int_{0}^{\frac{\omega}{2\beta}} \left| \mathrm{e}^{\beta u^2 - 2R\beta u \mathrm{i}} \right| \mathrm{d}u = \mathrm{e}^{-\beta R^2} \int_{0}^{\frac{\omega}{2\beta}} \mathrm{e}^{\beta u^2} \mathrm{d}u \to 0$$

同理，当 $R \to +\infty$ 时，$\left| \int_{l_{DA}} \mathrm{e}^{-\beta s^2} \mathrm{d}s \right| \to 0$. 从而，当 $R \to +\infty$ 时，有

$$\int_{l_{BC}} \mathrm{e}^{-\beta s^2} \mathrm{d}s \to 0, \quad \int_{l_{DA}} \mathrm{e}^{-\beta s^2} \mathrm{d}s \to 0$$

由此可知

$$\lim_{R \to +\infty} \int_{l_{CD}} \mathrm{e}^{-\beta s^2} \mathrm{d}s + \sqrt{\frac{\pi}{\beta}} = \lim_{R \to +\infty} \left(-\int_{l_{DC}} \mathrm{e}^{-\beta s^2} \mathrm{d}s \right) + \sqrt{\frac{\pi}{\beta}} = 0$$

即

$$\int_{-\infty + \frac{\mathrm{i}\omega}{2\beta}}^{+\infty + \frac{\mathrm{i}\omega}{2\beta}} \mathrm{e}^{-\beta s^2} \mathrm{d}s = \sqrt{\frac{\pi}{\beta}}$$

因此，矩形脉冲函数的傅里叶变换为

$$F(\omega) = \sqrt{\frac{\pi}{\beta}} A \mathrm{e}^{-\frac{\omega^2}{4\beta}}$$

下面求矩形脉冲函数的积分表达式. 根据式（7.6），并利用奇偶函数的积分性质，可得

$$f(t) = \mathcal{F}^{-1}[F(\omega)]$$

$$= \frac{1}{2\pi} \int_{-\infty}^{+\infty} F(\omega) \mathrm{e}^{\mathrm{i}\omega t} \mathrm{d}\omega$$

$$= \frac{1}{2\pi} \sqrt{\frac{\pi}{\beta}} A \int_{-\infty}^{+\infty} \mathrm{e}^{-\frac{\omega^2}{4\beta}} (\cos \omega t + \mathrm{i}\sin \omega t) \mathrm{d}\omega$$

$$= \frac{A}{\sqrt{\pi\beta}} \int_0^{+\infty} e^{-\frac{\omega^2}{4\beta}} \cos \omega t \mathrm{d}\omega$$

7.2 单位脉冲函数

在物理和工程技术领域中，除了指数衰减函数以外，人们还经常需要考虑质量和能量在空间或时间上高度集中的各种现象，即所谓的脉冲性质．如物理学中的质点、点电荷等抽象模型，再如瞬时冲击力、脉冲电流等，这些物理量都不能用通常的函数形式去描述．为了描述这一类抽象的概念，下面介绍单位脉冲函数．

在原来电流为零的电路中，某一瞬时（设为 $t = 0$）进入一单位电荷的脉冲，现在要确定电路上的电流 $i(t)$．以 $q(t)$ 表示上述电路中的电荷函数，则 $q(t) = \begin{cases} 0, & t \neq 0 \\ 1, & t = 0 \end{cases}$．由于电流是电荷函数对时间的变化率，即

$$i(t) = \frac{\mathrm{d}q(t)}{\mathrm{d}t} = \lim_{\Delta t \to 0} \frac{q(t + \Delta t) - q(t)}{\Delta t}$$

当 $t \neq 0$ 时，$i(t) = 0$；当 $t = 0$ 时，有

$$i(t) = \lim_{\Delta t \to 0} \frac{q(0 + \Delta t) - q(0)}{\Delta t} = \lim_{\Delta t \to 0} \left(-\frac{1}{\Delta t}\right) = \infty$$

注 7.1 $q(t)$ 是不连续函数，在普通导数意义下，$q(t)$ 在 $t = 0$ 这一点是不能求导数的，上面只是形式地计算这个导数．这就表明在通常意义下的函数类中找不到一个函数能够用来表示上述电路的电流，为了确定电流，于是引入了单位脉冲函数，又称为狄拉克函数或 δ - 函数．

7.2.1 单位脉冲函数的定义

定义 7.2 对于任何一个无穷次可微的函数 $\delta(t)$，如果满足两个条件：

(1) 当 $t \neq 0$ 时，$\delta(t) = 0$；

(2) $\int_{-\infty}^{+\infty} \delta(t)\mathrm{d}t = 1$，

则称其为 δ - 函数．

根据此定义，上文中的脉冲电流 $i(t) = \delta(t)$．

注 7.2 δ - 函数可以直观地理解为

$$\delta_\varepsilon(t) = \begin{cases} \dfrac{1}{\varepsilon}, & 0 \leq t \leq \varepsilon \\ 0, & \text{其他} \end{cases}$$

那么 $\delta(t) = \lim\limits_{\varepsilon \to 0} \delta_\varepsilon(t) = \begin{cases} 0, & t \neq 0 \\ \infty, & t = 0 \end{cases}$，所以 $\int_{-\infty}^{+\infty} \delta(t)\mathrm{d}t = \lim\limits_{\varepsilon \to 0} \int_{-\infty}^{+\infty} \delta_\varepsilon(t)\mathrm{d}t = \lim\limits_{\varepsilon \to 0} \int_0^\varepsilon \frac{1}{\varepsilon}\mathrm{d}t = 1$.

7.2.2 单位脉冲函数的性质

单位脉冲函数有以下几个性质。

（1）筛选性质：$\int_{-\infty}^{+\infty}\delta(t)f(t)\mathrm{d}t=f(0)$，其中 $f(t)$ 是实数域 **R** 上的有界函数，且在 $t=0$ 点连续.

证明 $\int_{-\infty}^{+\infty}\delta(t)f(t)\mathrm{d}t=\lim_{\varepsilon\to0}\int_{-\infty}^{+\infty}\delta_{\varepsilon}(t)f(t)\mathrm{d}t=\lim_{\varepsilon\to0}\int_{0}^{\varepsilon}\frac{1}{\varepsilon}f(t)\mathrm{d}t$

$$=\lim_{\varepsilon\to0}\frac{1}{\varepsilon}\int_{0}^{\varepsilon}f(t)\mathrm{d}t=\lim_{\varepsilon\to0}f(\theta\varepsilon)=f(0)\qquad 0<\theta<1$$

更一般地，若 $f(t)$ 在 $t=t_0$ 点连续，则 $\int_{-\infty}^{+\infty}\delta(t-t_0)f(t)\mathrm{d}t=f(t_0)$. 这个性质也常常被人们用来定义 δ - 函数，即采用检验的方式来考察某个函数是否为 δ - 函数.

（2）δ - 函数为偶函数，即 $\delta(t)=\delta(-t)$.

（3）设 $u(t)$ 为单位阶跃函数，即 $u(t)=\begin{cases}1, & t>0\\0, & t<0\end{cases}$，则有

$$\int_{-\infty}^{t}\delta(t)\mathrm{d}t=u(t),\ \frac{\mathrm{d}u(t)}{\mathrm{d}t}=\delta(t)$$

在图形上，人们常常采用一个从原点出发长度为 1 的有向线段来表示 δ - 函数（见图 7.2），其中有向线段的长度代表 δ - 函数的积分值，称为脉冲强度.

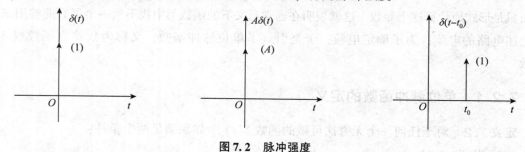

图 7.2 脉冲强度

7.2.3 单位脉冲函数的傅里叶变换

根据筛选性质，可以很方便地求出 δ - 函数的傅里叶变换：

$$F(\omega)=\mathscr{F}[\delta(t)]=\int_{-\infty}^{+\infty}\delta(t)\mathrm{e}^{-\mathrm{i}\omega t}\mathrm{d}t=\mathrm{e}^{-\mathrm{i}\omega t}\big|_{t=0}=1$$

可见，δ - 函数 $\delta(t)$ 与常数 1 构成了一个傅里叶变换对，按逆变换公式有

$$\mathscr{F}^{-1}[1]=\frac{1}{2\pi}\int_{-\infty}^{+\infty}\mathrm{e}^{\mathrm{i}\omega t}\mathrm{d}\omega=\delta(t) \tag{7.7}$$

同理，$\delta(t-t_0)$ 和 $\mathrm{e}^{-\mathrm{i}\omega t_0}$ 亦构成了一个傅里叶变换对.

需要注意的是，这里 $\delta(t)$ 的傅氏变换仍采用傅氏变换的古典定义，但此时的反常积分

是根据 δ - 函数的定义和运算性质直接给出的, 而不是普通意义下的积分值, 故称 $\delta(t)$ 的傅氏变换是一种广义的傅氏变换. 运用这一概念, 我们可以对一些常用的函数, 如常数、单位阶跃函数以及正、余弦函数进行傅氏变换, 尽管它们并不满足绝对可积条件.

例 7.3 分别求函数 $f_1(t) = 1$ 与 $f_2(t) = \mathrm{e}^{\mathrm{i}\omega_0 t}$ 的傅氏变换.

解 由傅氏变换的定义及式 (7.7) 有

$$F_1(\omega) = \mathcal{F}[f_1(t)] = \int_{-\infty}^{+\infty} \mathrm{e}^{-\mathrm{i}\omega t} \mathrm{d}t$$

$$= \int_{-\infty}^{+\infty} \mathrm{e}^{\mathrm{i}\omega\tau} \mathrm{d}\tau = 2\pi\delta(\omega)$$

$$F_2(\omega) = \mathcal{F}[f_2(t)] = \int_{-\infty}^{+\infty} \mathrm{e}^{\mathrm{i}\omega_0 t}\mathrm{e}^{-\mathrm{i}\omega t} \mathrm{d}t$$

$$= \int_{-\infty}^{+\infty} \mathrm{e}^{\mathrm{i}(\omega_0 - \omega)t} \mathrm{d}t = 2\pi\delta(\omega_0 - \omega)$$

$$= 2\pi\delta(\omega - \omega_0)$$

例 7.4 求 $f(t) = \cos\omega_0 t$ 的傅氏变换.

解 由傅氏变换的定义有

$$F(\omega) = \mathcal{F}[f(t)] = \int_{-\infty}^{+\infty} \mathrm{e}^{-\mathrm{i}\omega t}\cos\omega_0 t\mathrm{d}t$$

$$= \int_{-\infty}^{+\infty} \frac{1}{2}(\mathrm{e}^{\mathrm{i}\omega_0 t} + \mathrm{e}^{-\mathrm{i}\omega_0 t})\mathrm{e}^{-\mathrm{i}\omega t}\mathrm{d}t$$

$$= \frac{1}{2}\int_{-\infty}^{+\infty} [\mathrm{e}^{-\mathrm{i}(\omega - \omega_0)t} + \mathrm{e}^{-\mathrm{i}(\omega + \omega_0)t}] \mathrm{d}t$$

$$= \pi[\delta(\omega - \omega_0) + \delta(\omega + \omega_0)]$$

7.3 傅里叶变换的性质

为了叙述方便, 假定在以下性质中, 所涉及函数的傅氏变换均存在, 且对一些运算 (如求导、积分、求和等) 的次序可交换, 均不另作说明.

1. 线性性质

设 $\mathcal{F}[f(t)] = F(\omega)$, $\mathcal{F}[g(t)] = G(\omega)$, α、β 为常数, 则

$$\mathcal{F}[\alpha f(t) + \beta g(t)] = \alpha F(\omega) + \beta G(\omega)$$

即函数的线性组合的傅氏变换等于函数的傅氏变换的相应线性组合. 这显然是由广义积分运算的线性性质所决定的, 无须再作证明.

同理, 傅氏逆变换也具有类似的线性性质, 即

$$\mathcal{F}^{-1}[\alpha F(\omega) + \beta G(\omega)] = \alpha f(t) + \beta g(t)$$

例 7.5 求函数 $f(t) = A + B\cos\omega_0 t$ 的傅氏变换 (A、B 均为常数).

解 利用线性性质及例 7.3、例 7.4 的结论有

$$\mathcal{F}[A + B\cos\omega_0 t] = A\mathcal{F}[1] + B\mathcal{F}[\cos\omega_0 t]$$

$$= 2A\pi\delta(\omega) + B\pi[\delta(\omega + \omega_0) + \delta(\omega - \omega_0)]$$

2. 时移特性

若 $\mathcal{F}[f(t)] = F(\omega)$，则 $\mathcal{F}[f(t-t_0)] = e^{-i\omega t_0}F(\omega)$，其中 t_0 为实常数.

证明 $\mathcal{F}[f(t-t_0)] = \int_{-\infty}^{+\infty} f(t-t_0)e^{-i\omega t}dt \xrightarrow{\diamondsuit u = t - t_0} \int_{-\infty}^{+\infty} f(u)e^{-i\omega(u+t_0)}du$

$$= e^{-i\omega t_0}\int_{-\infty}^{+\infty} f(u)e^{-i\omega u}du = e^{-i\omega t_0}F(\omega)$$

3. 频移特性

若 $\mathcal{F}[f(t)] = F(\omega)$，则 $\mathcal{F}[e^{i\omega_0 t}f(t)] = F(\omega - \omega_0)$，其中 ω_0 为实常数.

证明 $\mathcal{F}[e^{i\omega_0 t}f(t)] = \int_{-\infty}^{+\infty} e^{i\omega_0 t}f(t)e^{-i\omega t}dt = \int_{-\infty}^{+\infty} f(t)e^{-i(\omega-\omega_0)t}dt = F(\omega - \omega_0)$

例 7.6 求函数 $e^{-\beta(t-t_0)^2}$ 及 $e^{-\beta t^2}\cos at$ 的傅里叶变换.

解 根据例 7.2，即矩形脉冲函数的傅里叶变换，有

$$\mathcal{F}[e^{-\beta t^2}] = \sqrt{\frac{\pi}{\beta}}e^{-\frac{\omega^2}{4\beta}}$$

利用时移特性可得

$$\mathcal{F}[e^{-\beta(t-t_0)^2}] = \sqrt{\frac{\pi}{\beta}}e^{-\left(i\omega t_0 + \frac{\omega^2}{4\beta}\right)}$$

利用频移特性可得

$$\mathcal{F}[e^{-\beta t^2}\cos at] = \mathcal{F}\left[e^{-\beta t^2}\frac{e^{iat} + e^{-iat}}{2}\right]$$

$$= \frac{1}{2}\mathcal{F}[e^{-\beta t^2}\cdot e^{iat} + e^{-\beta t^2}\cdot e^{-iat}]$$

$$= \frac{1}{2}\sqrt{\frac{\pi}{\beta}}[e^{-\frac{(\omega-a)^2}{4\beta}} + e^{-\frac{(\omega+a)^2}{4\beta}}]$$

4. 尺度变换

若 $\mathcal{F}[f(t)] = F(\omega)$，则 $\mathcal{F}[f(at)] = \frac{1}{|a|}F\left(\frac{\omega}{a}\right)$，其中 a 为非零常数.

证明 $\mathcal{F}[f(at)] = \int_{-\infty}^{+\infty} f(at)e^{-i\omega t}dt$，令 $x = at$，则有:

当 $a > 0$ 时，$\mathcal{F}[f(at)] = \int_{-\infty}^{+\infty} f(at)e^{-i\omega t}dt = \frac{1}{a}\int_{-\infty}^{+\infty} f(x)e^{-i\frac{\omega}{a}x}dx = \frac{1}{a}F\left(\frac{\omega}{a}\right)$；

当 $a < 0$ 时，$\mathcal{F}[f(at)] = \int_{-\infty}^{+\infty} f(at)e^{-i\omega t}dt = \frac{1}{a}\int_{+\infty}^{-\infty} f(x)e^{-i\frac{\omega}{a}x}dx = -\frac{1}{a}F\left(\frac{\omega}{a}\right)$.

故 $\mathcal{F}[f(at)] = \frac{1}{|a|}F\left(\frac{\omega}{a}\right)$.

5. 微分性质

1) 时域的微分

若 $\mathcal{F}[f(t)] = F(\omega)$，且 $\lim\limits_{|t|\to+\infty} f(t) = 0$，则 $\mathcal{F}[f'(t)] = i\omega F(\omega)$. 一般地，若

$$\lim_{|t| \to +\infty} f^{(k)}(t) = 0 (k = 0, 1, \cdots, n-1), \quad 则 \mathscr{F}[f^{(n)}(t)] = (i\omega)^n F(\omega).$$

证明　当 $|t| \to +\infty$ 时，$|f(t)e^{-i\omega t}| = |f(t)| \to 0$，可得 $f(t)e^{-i\omega t} \to 0$．因此，$\mathscr{F}[f'(t)] =$

$$\int_{-\infty}^{+\infty} f'(t)e^{-i\omega t}dt = [f(t)e^{-i\omega t}] \Big|_{-\infty}^{+\infty} + i\omega \int_{-\infty}^{+\infty} f(t)e^{-i\omega t}dt = i\omega F(\omega)$$

反复运用分部积分公式，可得

$$\mathscr{F}[f^{(n)}(t)] = (i\omega)^n F(\omega)$$

2）频域的微分

若 $\mathscr{F}[f(t)] = F(\omega)$，则 $\mathscr{F}[-itf(t)] = F'(\omega)$．一般地，有

$$\mathscr{F}[(-i)^n t^n f(t)] = F^{(n)}(\omega)$$

证明　$F'(\omega) = \dfrac{d}{d\omega}\displaystyle\int_{-\infty}^{+\infty} f(t)e^{-i\omega t}dt = \int_{-\infty}^{+\infty} -itf(t)e^{-i\omega t}dt = \mathscr{F}[-itf(t)]$，反复求导 n 次可

得 $F^{(n)}(\omega) = \mathscr{F}[(-i)^n t^n f(t)]$．

例 7.7　已知函数 $f(t) = \begin{cases} 0, & t < 0 \\ e^{-\beta t}, & t \geq 0 \end{cases} (\beta > 0)$，试求 $\mathscr{F}[tf(t)]$ 及 $\mathscr{F}[t^2 f(t)]$．

解　根据例 7.1 知

$$F(\omega) = \mathscr{F}[f(t)] = \frac{1}{\beta + i\omega}$$

利用频域的微分性质有

$$\mathscr{F}[tf(t)] = i\frac{d}{d\omega}F(\omega) = \frac{1}{(\beta + i\omega)^2}$$

$$\mathscr{F}[t^2 f(t)] = i^2 \frac{d^2}{d\omega^2}F(\omega) = \frac{2}{(\beta + i\omega)^3}$$

6. 积分性质

若 $\displaystyle\lim_{t \to +\infty}\int_{-\infty}^{t} f(t)dt = 0$，则 $\mathscr{F}\left[\displaystyle\int_{-\infty}^{t} f(t)dt\right] = \dfrac{1}{i\omega}F(\omega)$．

证明　因为 $\dfrac{d}{dt}\displaystyle\int_{-\infty}^{t} f(t)dt = f(t)$，所以 $\mathscr{F}\left[\dfrac{d}{dt}\displaystyle\int_{-\infty}^{t} f(t)dt\right] = \mathscr{F}[f(t)]$．由微分性质得

$$\mathscr{F}[f(t)] = \mathscr{F}\left[\frac{d}{dt}\int_{-\infty}^{t} f(t)dt\right] = i\omega \mathscr{F}\left[\int_{-\infty}^{t} f(t)dt\right]$$

故 $\mathscr{F}\left[\displaystyle\int_{-\infty}^{t} f(t)dt\right] = \dfrac{1}{i\omega}\mathscr{F}[f(t)] = \dfrac{1}{i\omega}F(\omega)$．

例 7.8　求微分积分方程

$$ax'(t) + bx(t) + c\int_{-\infty}^{t} x(t)dt = h(t)$$

的解，其中 $-\infty < t < +\infty$，a、b、c 均为常数，$h(t)$ 为已知函数．

解　根据傅里叶变换的线性性质、微分性质和积分性质，且记

$$\mathscr{F}[x(t)] = X(\omega), \quad \mathscr{F}[h(t)] = H(\omega)$$

对上述方程两边取傅里叶变换，可得

$$ai\omega X(\omega) + bX(\omega) + \frac{c}{i\omega}X(\omega) = H(\omega)$$

$$X(\omega) = \frac{H(\omega)}{b + i\left(a\omega - \dfrac{c}{\omega}\right)}$$

而上式的傅氏逆变换为

$$x(t) = \frac{1}{2\pi}\int_{-\infty}^{+\infty} X(\omega)e^{i\omega t}d\omega$$

$$= \frac{1}{2\pi}\int_{-\infty}^{+\infty} \frac{H(\omega)e^{i\omega t}}{b + i\left(a\omega - \dfrac{c}{\omega}\right)}d\omega$$

7. 帕塞瓦尔等式

设 $\mathcal{F}\left[f(t)\right] = F(\omega)$，则有 $\displaystyle\int_{-\infty}^{+\infty}\left[f(t)\right]^2 dt = \frac{1}{2\pi}\int_{-\infty}^{+\infty}\left|F(\omega)\right|^2 d\omega$。

证明 由 $F(\omega) = \mathcal{F}\left[f(t)\right] = \displaystyle\int_{-\infty}^{+\infty} f(t)e^{-i\omega t}dt$，有 $\overline{F(\omega)} = \displaystyle\int_{-\infty}^{+\infty} f(t)e^{i\omega t}dt$，所以

$$\frac{1}{2\pi}\int_{-\infty}^{+\infty}\left|F(\omega)\right|^2 d\omega = \frac{1}{2\pi}\int_{-\infty}^{+\infty} F(\omega)\overline{F(\omega)}\,d\omega$$

$$= \frac{1}{2\pi}\int_{-\infty}^{+\infty} F(\omega)\left[\int_{-\infty}^{+\infty} f(t)e^{i\omega t}dt\right]d\omega$$

$$= \int_{-\infty}^{+\infty} f(t)\left[\frac{1}{2\pi}\int_{-\infty}^{+\infty} F(\omega)e^{i\omega t}d\omega\right]dt$$

$$= \int_{-\infty}^{+\infty}\left[f(t)\right]^2 dt$$

7.4 卷积

卷积是由含参变量的广义积分定义的函数，与傅氏变换有着密切联系，它的运算性质使得傅氏变换得到更广泛的应用. 在这一节，我们将引入卷积的概念，讨论卷积的性质及一些简单应用.

7.4.1 卷积的定义

定义 7.3 设 $f_1(t)$、$f_2(t)$ 在 $(-\infty, +\infty)$ 内有定义，若反常积分 $\displaystyle\int_{-\infty}^{+\infty} f_1(\tau)f_2(t-\tau)d\tau$ 对任何实数 t 都收敛，则它定义了一个自变量为 t 的函数，称此函数为 $f_1(t)$ 与 $f_2(t)$ 的卷积，记为

$$f_1(t) * f_2(t) = \int_{-\infty}^{+\infty} f_1(\tau)f_2(t-\tau)d\tau$$

例 7.9　求证 $f(t) * \delta(t - t_0) = f(t - t_0)$.

证明　根据 δ - 函数的定义，有

$$f(t) * \delta(t - t_0) = \int_{-\infty}^{+\infty} f(\tau)\delta(t - \tau - t_0)\mathrm{d}\tau = \int_{-\infty}^{+\infty} f(\tau)\delta[-(\tau - t + t_0)]\mathrm{d}\tau$$

$$= \int_{-\infty}^{+\infty} f(\tau)\delta(\tau - t + t_0)\mathrm{d}\tau = f(t - t_0)$$

注 7.3　这个例子表明任一函数 $f(t)$ 与 $\delta(t - t_0)$ 的卷积相当于把函数 $f(t)$ 本身延迟 t_0.
特别地，当 $t_0 = 0$ 时，有

$$f(t) * \delta(t) = f(t)$$

7.4.2　卷积的性质

根据卷积的定义我们很容易验证，卷积运算满足以下三个定律.

（1）交换律：$f_1(t) * f_2(t) = f_2(t) * f_1(t)$.

（2）结合律：$f_1(t) * [f_2(t) * f_3(t)] = [f_1(t) * f_2(t)] * f_3(t)$.

（3）分配律：$f_1(t) * [f_2(t) + f_3(t)] = f_1(t) * f_2(t) + f_1(t) * f_3(t)$.

例 7.10　求下列函数的卷积：

$$f_1(t) = \begin{cases} 0, & t < 0 \\ \mathrm{e}^{-\alpha t}, & t \geq 0 \end{cases}, \quad f_2(t) = \begin{cases} 0, & t < 0 \\ \mathrm{e}^{-\beta t}, & t > 0 \end{cases}$$

其中 $\alpha > 0$，$\beta > 0$ 且 $\alpha \neq \beta$.

解　$f_1(t) * f_2(t) = \int_{-\infty}^{+\infty} f_1(\tau)f_2(t - \tau)\mathrm{d}\tau$

当 $t < 0$ 时，$f_1(t) * f_2(t) = 0$；

当 $t \geq 0$ 时，$f_1(t) * f_2(t) = \int_0^t f_1(\tau)f_2(t - \tau)\mathrm{d}\tau = \int_0^t \mathrm{e}^{-\alpha\tau}\mathrm{e}^{-\beta(t-\tau)}\mathrm{d}\tau$

$$= \mathrm{e}^{-\beta t}\int_0^t \mathrm{e}^{-(\alpha-\beta)\tau}\mathrm{d}\tau = \frac{1}{\alpha - \beta}(\mathrm{e}^{-\beta t} - \mathrm{e}^{-\alpha t})$$

综合得

$$f_1(t) * f_2(t) = \begin{cases} 0, & t < 0 \\ \dfrac{1}{\alpha - \beta}(\mathrm{e}^{-\beta t} - \mathrm{e}^{-\alpha t}), & t \geq 0 \end{cases}$$

7.4.3　卷积定理

定理 7.3　设 $\mathcal{F}[f_1(t)] = F_1(\omega)$，$\mathcal{F}[f_2(t)] = F_2(\omega)$，则有

$$\mathcal{F}[f_1(t) * f_2(t)] = F_1(\omega) \cdot F_2(\omega)$$

$$\mathcal{F}[f_1(t) \cdot f_2(t)] = \frac{1}{2\pi}F_1(\omega) * F_2(\omega)$$

证明　由卷积的定义有

$$\mathscr{F}\left[f_1(t) * f_2(t)\right] = \int_{-\infty}^{+\infty}\left[f_1(t) * f_2(t)\right]\mathrm{e}^{-\mathrm{i}\omega t}\mathrm{d}t = \int_{-\infty}^{+\infty}\left[\int_{-\infty}^{+\infty}f_1(\tau)f_2(t-\tau)\mathrm{d}\tau\right]\mathrm{e}^{-\mathrm{i}\omega t}\mathrm{d}t$$

$$= \int_{-\infty}^{+\infty}f_1(\tau)\left(\int_{-\infty}^{+\infty}f_2(t-\tau)\mathrm{e}^{-\mathrm{i}\omega t}\mathrm{d}t\right)\mathrm{d}\tau = \int_{-\infty}^{+\infty}f_1(\tau)\,\mathscr{F}\left[f_2(t-\tau)\right]\mathrm{d}\tau$$

$$= \int_{-\infty}^{+\infty}f_1(\tau)\mathrm{e}^{-\mathrm{i}\omega\tau}\,\mathscr{F}\left[f_2(t)\right]\mathrm{d}\tau = F_2(\omega)\int_{-\infty}^{+\infty}f_1(\tau)\mathrm{e}^{-\mathrm{i}\omega\tau}\mathrm{d}\tau$$

$$= F_2(\omega)\cdot F_1(\omega)$$

同理可得

$$F_1(\omega) * F_2(\omega) = 2\pi\,\mathscr{F}\left[f_1(t)\cdot f_2(t)\right]$$

例 7.11 设 $f_1(t) = A\mathrm{e}^{-\alpha t^2}$，$f_2(t) = B\mathrm{e}^{-\beta t^2}(A,\ B,\ \alpha,\ \beta > 0)$，求 $\mathscr{F}\left[f_1(t) * f_2(t)\right]$.

解 记

$$F_1(\omega) = \mathscr{F}\left[f_1(t)\right] = \mathscr{F}\left[A\mathrm{e}^{-\alpha t^2}\right] = A\sqrt{\frac{\pi}{\alpha}}\mathrm{e}^{-\frac{\omega^2}{4\alpha}}$$

$$F_2(\omega) = \mathscr{F}\left[f_2(t)\right] = \mathscr{F}\left[B\mathrm{e}^{-\beta t^2}\right] = B\sqrt{\frac{\pi}{\beta}}\mathrm{e}^{-\frac{\omega^2}{4\beta}}$$

从而由卷积定理得

$$\mathscr{F}\left[f_1(t) * f_2(t)\right] = F_1(\omega)\cdot F_2(\omega) = \frac{\pi AB}{\sqrt{\alpha\beta}}\mathrm{e}^{-\frac{\omega^2(\alpha+\beta)}{4\alpha\beta}}$$

习题 7

1. 试证：若 $f(t)$ 满足傅氏积分定理的条件，则有

$$f(t) = \int_0^{+\infty}A(\omega)\cos\omega t\mathrm{d}\omega + \int_0^{+\infty}B(\omega)\sin\omega t\mathrm{d}\omega$$

其中

$$A(\omega) = \frac{1}{\pi}\int_{-\infty}^{+\infty}f(\tau)\cos\omega\tau\mathrm{d}\tau,\ B(\omega) = \frac{1}{\pi}\int_{-\infty}^{+\infty}f(\tau)\sin\omega\tau\mathrm{d}\tau$$

2. 求下列函数的傅氏变换：

$$(1)f(t) = \begin{cases} -1, & -1 < t < 0 \\ 1, & 0 < t < 1 \\ 0, & 其他 \end{cases};\qquad (2)f(t) = \begin{cases} \mathrm{e}^t, & t \le 0 \\ 0, & t > 0 \end{cases};$$

$$(3)f(t) = \begin{cases} 1-t^2, & |t| \le 1 \\ 0, & |t| > 1 \end{cases};\qquad (4)f(t) = \begin{cases} \mathrm{e}^{-t}\sin 2t, & t \ge 0 \\ 0, & t < 0 \end{cases}.$$

3. 设 $f_1(t) = \begin{cases} 0, & t < 0 \\ 1, & t \ge 0 \end{cases}$，$f_2(t) = \begin{cases} 0, & t < 0 \\ \mathrm{e}^{-t}, & t \ge 0 \end{cases}$，求 $f_1(t) * f_2(t)$.

4. 证明下列各式：

$(1)f_1(t) * f_2(t) = f_2(t) * f_1(t)$;

（2）$a[f_1(t) * f_2(t)] = [af_1(t)] * f_2(t)$（$a$ 为常数）；

（3）$\dfrac{\mathrm{d}}{\mathrm{d}t}[f_1(t) * f_2(t)] = \dfrac{\mathrm{d}}{\mathrm{d}t}f_1(t) * f_2(t) = f_1(t) * \dfrac{\mathrm{d}}{\mathrm{d}t}f_2(t).$

5. 求函数：

$$f(t) = \frac{1}{2}\left[\delta(t + a) + \delta(t - a) + \delta\left(t + \frac{a}{2}\right) + \delta\left(t - \frac{a}{2}\right)\right]$$

的傅氏变换.

6. 已知 $F(\omega) = \pi[\delta(\omega + \omega_0) + \delta(\omega - \omega_0)]$ 为函数 $f(t)$ 的傅氏变换，求 $f(t)$.

7. 求下列函数的傅氏变换：

（1）$f(t) = \cos t\sin t$；

（2）$f(t) = \mathrm{e}^{\mathrm{i}\omega_0 t}tu(t).$

第 8 章

拉普拉斯变换

8.1　拉普拉斯变换的概念

在第 7 章，我们已经指出，古典意义下傅里叶变换存在的条件是函数除了满足狄利克雷条件以外，还应在 $(-\infty, +\infty)$ 内满足绝对可积. 但绝对可积的条件是比较高的，即使许多常见的初等函数，如常数函数、三角函数、线性函数等都不满足这个要求. 另外，在线性控制、无线电技术等实际应用中，许多以时间 t 为自变量的函数，往往在 $t < 0$ 时是没有意义或者不需要考虑的. 因此，傅里叶变换的实际应用范围受到相当大的限制.

能否找到一种变换，既能克服上述两个方面的缺点，又可以尽可能地保留傅里叶变换的优点呢？因此，一种称为拉普拉斯变换（简称拉氏变换）的方法被引入，它是由 19 世纪末英国工程师赫维赛德所发明的算子法发展而来的，其数学根源则来自拉普拉斯.

8.1.1　拉普拉斯变换的定义

定义 8.1　设函数 $f(t)$ 是定义在 $[0, +\infty)$ 上的实值函数，如果对于复参数 $s = \beta + \mathrm{i}\omega$，积分

$$F(s) = \int_0^{+\infty} f(t)\mathrm{e}^{-st}\mathrm{d}t \tag{8.1}$$

在复数 s 的某一个区域内收敛，则称 $F(s)$ 为函数 $f(t)$ 的拉普拉斯变换，记为 $F(s) = \mathscr{L}[f(t)]$；相应地，称 $f(t)$ 为 $F(s)$ 的拉普拉斯逆变换，记为 $f(t) = \mathscr{L}^{-1}[F(s)]$，有时也称 $f(t)$ 与 $F(s)$ 分别为像原函数和像函数.

注 8.1　函数 $f(t)(t \geqslant 0)$ 的拉普拉斯变换，即函数 $f(t)u(t)\mathrm{e}^{-\beta t}$ 的傅里叶变换.

事实上，由式（8.1）有

$$\mathscr{L}[f(t)] = \int_0^{+\infty} f(t)\,\mathrm{e}^{-st}\mathrm{d}t$$

$$= \int_0^{+\infty} f(t)\,\mathrm{e}^{-\beta t} \cdot \mathrm{e}^{-\mathrm{i}\omega t}\mathrm{d}t$$

$$= \int_{-\infty}^{+\infty} f(t)u(t)\,\mathrm{e}^{-\beta t} \cdot \mathrm{e}^{-\mathrm{i}\omega t}\mathrm{d}t$$

$$= \mathscr{F}[f(t)u(t)\,\mathrm{e}^{-\beta t}]$$

其基本思想是：首先通过单位阶跃函数 $u(t)$ 使函数 $f(t)$ 在 $t < 0$ 的部分充零（或者补零）；其次对函数 $f(t)$ 在 $t > 0$ 的部分乘上一个衰减的指数函数 $\mathrm{e}^{-\beta t}$ 以降低其"增长"速度，这样就有希望使函数 $f(t)u(t)\mathrm{e}^{-\beta t}$ 满足傅氏积分条件，从而对它进行傅氏积分.

例 8.1　求单位阶跃函数 $u(t) = \begin{cases} 0, & t < 0 \\ 1, & t > 0 \end{cases}$ 的拉普拉斯变换.

解　根据拉普拉斯变换的定义，有

$$\mathscr{L}[u(t)] = \int_0^{+\infty} u(t)\,\mathrm{e}^{-st}\mathrm{d}t = \int_0^{+\infty} \mathrm{e}^{-st}\mathrm{d}t$$

这个积分在 $\mathrm{Re}(s) > 0$ 时收敛，而且有

$$\int_0^{+\infty} \mathrm{e}^{-st}\mathrm{d}t = -\frac{1}{s}\,\mathrm{e}^{-st}\,\Big|_0^{+\infty} = \frac{1}{s}$$

所以

$$\mathscr{L}[u(t)] = \frac{1}{s}, \ \mathrm{Re}(s) > 0$$

例 8.2　求函数 $f(t) = \mathrm{e}^{kt}$ 的拉普拉斯变换（k 为实常数）.

解　由式(8.1) 有

$$\mathscr{L}[\mathrm{e}^{kt}] = \int_0^{+\infty} \mathrm{e}^{kt}\mathrm{e}^{-st}\mathrm{d}t = \int_0^{+\infty} \mathrm{e}^{-(s-k)t}\mathrm{d}t$$

这个积分在 $\mathrm{Re}(s) > k$ 时收敛，而且有

$$\int_0^{+\infty} \mathrm{e}^{-(s-k)t}\mathrm{d}t = \frac{1}{s-k}$$

所以

$$\mathscr{L}[\mathrm{e}^{kt}] = \frac{1}{s-k}, \ \mathrm{Re}(s) > k$$

8.1.2　拉普拉斯变换存在定理

从上面的例子可以明显地看出，拉普拉斯变换的确扩大了傅里叶变换的使用范围，但是对一个函数作拉普拉斯变换也还是要具备一定条件的. 到底什么类型的函数存在拉普拉斯变换呢? 这些条件就如下述定理所述.

定理8.1 设函数 $f(t)$ 满足:

(1) 在 $t \geq 0$ 的任何有限区间上分段连续;

(2) 当 $t \to +\infty$ 时,$f(t)$ 具有有限的增长性,即存在常数 $M > 0$ 及 $c_0 \geq 0$,使得

$$|f(t)| \leq Me^{c_0 t}, \ 0 \leq t < +\infty$$

其中 c_0 称为 $f(t)$ 的增长指数,函数 $f(t)$ 的拉普拉斯变换为

$$F(s) = \mathscr{L}[f(t)] = \int_0^{+\infty} f(t)e^{-st}dt \tag{8.2}$$

在半平面 $\mathrm{Re}(s) > c_0$ 上一定存在,上式右端的积分在闭区域 $\mathrm{Re}(s) \geq c > c_0$ 上绝对收敛且一致收敛,并且在半平面 $\mathrm{Re}(s) > c_0$ 内,$F(s)$ 是解析函数.

证明 设 $c = \mathrm{Re}(s)$,$c - c_0 \geq \delta > 0$,则由条件 (2) 有

$$|f(t)e^{-st}| = |f(t)|e^{-ct} \leq Me^{-(c-c_0)t} \leq Me^{-\delta t}$$

所以

$$\int_0^{+\infty} |f(t)e^{-st}|dt \leq M\int_0^{+\infty} e^{-\delta t}dt = \frac{M}{\delta}$$

根据含参变量积分的性质知,式 (8.2) 在 $\mathrm{Re}(s) \geq c_0 + \delta$ 上绝对收敛且一致收敛,因此

$$F(s) = \int_0^{+\infty} f(t)e^{-st}dt$$

在 $\mathrm{Re}(s) \geq c_0 + \delta$ 上存在.

若在式 (8.2) 积分号下对 s 求导,则有

$$\int_0^{+\infty} \frac{\mathrm{d}}{\mathrm{d}s}(f(t)e^{-st})\,\mathrm{d}t = -\int_0^{+\infty} tf(t)e^{-st}dt$$

上式右端积分在 $\mathrm{Re}(s) \geq c_0 + \delta$ 上绝对收敛且一致收敛,又

$$\int_0^{+\infty} |tf(t)e^{-st}|dt \leq M\int_0^{+\infty} te^{-(c-c_0)t}dt$$

$$\leq M\int_0^{+\infty} te^{-\delta t}dt$$

$$= \frac{M}{\delta^2}$$

因此在式 (8.2) 中积分与微分的次序可以交换,于是有

$$\frac{\mathrm{d}}{\mathrm{d}s}F(s) = \frac{\mathrm{d}}{\mathrm{d}s}\int_0^{+\infty} f(t)e^{-st}dt$$

$$= \int_0^{+\infty} \frac{\mathrm{d}}{\mathrm{d}s}(f(t)e^{-st})\,\mathrm{d}t$$

$$= \int_0^{+\infty} (-t)f(t)e^{-st}dt$$

由拉普拉斯变换的定义得

$$F'(s) = \mathscr{L}[(-t)f(t)](s)$$

所以 $F(s)$ 在 $\text{Re}(s) \geqslant c_0 + \delta$ 上可导. 由 δ 的任意性知, $F(s)$ 在 $\text{Re}(s) > c_0$ 上存在, 且为解析函数.

由定理 8.1 可以看出, 拉普拉斯变换存在的条件比傅里叶变换存在的条件要低得多. 大多数常见的函数, 如三角函数、阶跃函数、幂函数等都不满足绝对可积的条件, 但它们都能满足拉普拉斯变换存在定理中的指数增长条件. 另外, 必须注意的是, 定理 8.1 的条件是充分不必要的, 读者可以自行推证 $\mathscr{L}[t^{-\frac{1}{2}}]$ 是存在的, 但是 $f(t) = t^{-\frac{1}{2}}$ 在 $t = 0$ 不是第一类间断点, 因而在 $t \geqslant 0$ 上不是分段连续的.

例 8.3　求函数 $f(t) = e^{at}$ 的拉普拉斯变换 （a 为复常数）.

解　由 $|e^{at}| = e^{\text{Re}(at)}$, 可知 e^{at} 的增长指数为 $\text{Re}(a)$, 因此 $\mathscr{L}[e^{at}]$ 在 $\text{Re}(s) > \text{Re}(a)$ 内解析, 由定义有

$$\mathscr{L}[e^{at}] = \int_0^{+\infty} e^{at} e^{-st} dt = \int_0^{+\infty} e^{-(s-a)t} dt = \frac{1}{s - a}$$

另外还要指出, 当满足拉普拉斯变换存在定理条件的函数 $f(t)$ 在 $t = 0$ 处为有界时, 积分:

$$\mathscr{L}[f(t)] = \int_0^{+\infty} f(t) e^{-st} dt$$

中的下限取 0^+ 或 0^- 不会影响其结果. 但当 $f(t)$ 在 $t = 0$ 处包含了脉冲函数时, 拉普拉斯变换的积分下限必须明确指出是 0^+ 还是 0^-, 因为

$$\mathscr{L}_+[f(t)] = \int_{0^+}^{+\infty} f(t) e^{-st} dt$$

$$\mathscr{L}_-[f(t)] = \int_{0^-}^{+\infty} f(t) e^{-st} dt = \int_{0^-}^{0^+} f(t) e^{-st} dt + \mathscr{L}_+[f(t)]$$

而当 $f(t)$ 在 $t = 0$ 附近有界时, $\int_{0^-}^{0^+} f(t) e^{-st} dt = 0$, 即 $\mathscr{L}_-[f(t)] = \mathscr{L}_+[f(t)]$; 当 $f(t)$ 在 $t = 0$ 处包含了脉冲函数时, $\int_{0^-}^{0^+} f(t) e^{-st} dt \neq 0$, 即 $\mathscr{L}_-[f(t)] \neq \mathscr{L}_+[f(t)]$. 为了考虑这一情况, 我们需将进行拉普拉斯变换的函数 $f(t)$, 当 $t \geqslant 0$ 时有定义扩大为当 $t > 0$ 有定义及 $t = 0$ 的任意一个邻域内有定义. 这样拉普拉斯变换的定义:

$$\mathscr{L}[f(t)] = \int_0^{+\infty} f(t) e^{-st} dt$$

应为

$$\mathscr{L}_-[f(t)] = \int_{0^-}^{+\infty} f(t) e^{-st} dt$$

但为了书写方便, 仍写成式 (8.1) 的形式.

例 8.4　求单位脉冲函数 $\delta(t)$ 的拉普拉斯变换.

解　由上面的讨论, 按式 (8.1), 并利用性质: $\int_{-\infty}^{+\infty} f(t) \delta(t) dt = f(0)$, 有

$$\mathscr{L}\left[\delta(t)\right] = \int_0^{+\infty} \delta(t)\,e^{-st}\mathrm{d}t$$

$$= \int_{0^-}^{+\infty} \delta(t)\,e^{-st}\mathrm{d}t$$

$$= \int_{-\infty}^{+\infty} \delta(t)\,e^{-st}\mathrm{d}t = e^{-st}\big|_{t=0} = 1$$

8.2 拉普拉斯变换的性质

8.2.1 基本性质

从上一节可以看到，由拉普拉斯变换的定义可以求出一些常见函数的拉普拉斯变换，但是，在实际应用中通常不去进行这样的积分运算，而是利用拉普拉斯变换的一些基本性质得到它们的变换式，这样的方法在傅里叶变换中曾被采用．本节讨论拉普拉斯变换的一些基本性质，为了叙述方便，在研究这些性质时，我们假设所出现的函数均满足拉普拉斯变换存在定理中的条件．

1. 线性性质

设 α、β 是常数，且 $\mathscr{L}\left[f(t)\right] = F(s)$，$\mathscr{L}\left[g(t)\right] = G(s)$，则有

$$\mathscr{L}\left[\alpha f(t) + \beta g(t)\right] = \alpha F(s) + \beta G(s)$$
$$\mathscr{L}^{-1}\left[\alpha F(s) + \beta G(s)\right] = \alpha f(t) + \beta g(t)$$

这个性质表明函数线性组合的拉普拉斯变换等于各函数拉普拉斯变换的线性组合，它的证明只需根据定义，利用积分性质就可得出．

例 8.5 求正弦函数 $f(t) = \cos kt$（k 为实数）的拉普拉斯变换．

解 由 $\cos kt = \dfrac{1}{2}(e^{ikt} + e^{-ikt})$ 及 $\mathscr{L}\left[e^{ikt}\right] = \dfrac{1}{s - ik}$，有

$$\mathscr{L}\left[\cos kt\right] = \frac{1}{2}\mathscr{L}\left[e^{ikt}\right] + \frac{1}{2}\mathscr{L}\left[e^{-ikt}\right]$$

$$= \frac{1}{2}\left(\frac{1}{s - ik} + \frac{1}{s + ik}\right) = \frac{s}{s^2 + k^2}$$

同理可得余弦函数 $f(t) = \sin kt$（k 为实数）的拉普拉斯变换为

$$\mathscr{L}\left[\sin kt\right] = \frac{k}{s^2 + k^2}$$

2. 微分性质

设 $\mathscr{L}\left[f(t)\right] = F(s)$，则有

$$\mathscr{L}\left[f'(t)\right] = sF(s) - f(0)$$

一般地，有

$$\mathscr{L}\left[f^{(n)}(t)\right] = s^n F(s) - s^{n-1}f(0) - s^{n-2}f'(0) - \cdots - f^{(n-1)}(0) \tag{8.3}$$

证明 根据拉普拉斯变换的定义，有

$$\mathscr{L}[f'(t)] = \int_0^{+\infty} f'(t) e^{-st} dt$$

对上式右端利用分部积分法，可得

$$\int_0^{+\infty} f'(t) e^{-st} dt = f(t) e^{-st} \Big|_0^{+\infty} + s\int_0^{+\infty} f(t) e^{-st} dt$$

$$= s\mathscr{L}[f(t)] - f(0) \qquad \mathrm{Re}(s) > c$$

所以

$$\mathscr{L}[f'(t)] = sF(s) - f(0)$$

再利用数学归纳法，则可得式 (8.3).

例 8.6　求解微分方程：$y''(t) + k^2 y(t) = 0$，$y(0) = 0$，$y'(0) = k$.

解　对方程两边同时取拉普拉斯变换，并利用线性性质及式 (8.3) 有

$$s^2 Y(s) - sy(0) - y'(0) + k^2 Y(s) = 0$$

其中 $Y(s) = \mathscr{L}[y(t)]$，代入初值条件即得

$$Y(s) = \frac{k}{s^2 + k^2}$$

根据例 8.5 结果，有 $y(t) = \mathscr{L}^{-1}[Y(s)] = \sin kt$.

3. 积分性质

设 $\mathscr{L}[f(t)] = F(s)$，则有

$$\mathscr{L}\left[\int_0^t f(t) dt\right] = \frac{1}{s} F(s)$$

一般地，有

$$\mathscr{L}\left[\underbrace{\int_0^t dt \int_0^t dt \cdots \int_0^t f(t) dt}_{n\,\text{个}}\right] = \frac{1}{s^n} F(s) \tag{8.4}$$

证明　设 $h(t) = \int_0^t f(t) dt$，则有

$$h'(t) = f(t)，\quad h(0) = 0$$

由上述微分性质有

$$\mathscr{L}[h'(t)] = s\mathscr{L}[h(t)] - h(0) = s\mathscr{L}[h(t)]$$

即

$$\mathscr{L}\left[\int_0^t f(t) dt\right] = \frac{1}{s}\mathscr{L}[f(t)] = \frac{1}{s} F(s)$$

反复这个过程就可以得到式 (8.4).

这个性质表明了一个函数积分后再取拉普拉斯变换等于这个函数的拉普拉斯变换除以复参数 s.

4. 位移性质

设 $\mathscr{L}[f(t)] = F(s)$，则有

$$\mathscr{L}[e^{at} f(t)] = F(s - a)，\ \mathrm{Re}(s - a) > c$$

证明　根据式 (8.1)，有

$$\mathscr{L}\left[e^{at}f(t)\right] = \int_0^{+\infty} e^{at}f(t)e^{-st}dt = \int_0^{+\infty} f(t)e^{-(s-a)t}dt$$

由此可以看出，上式右端只是在 $F(s)$ 中把 s 换成 $s - a$，所以

$$\mathscr{L}\left[e^{at}f(t)\right] = F(s - a) \qquad \mathrm{Re}(s - a) > c$$

这个性质表明了一个像原函数乘函数 e^{at} 的拉普拉斯变换等于其像函数作位移 a.

5. 延迟性质

设 $\mathscr{L}\left[f(t)\right] = F(s)$，当 $t < 0$ 时 $f(t) = 0$，则对任一非负实数 τ 有

$$\mathscr{L}\left[f(t - \tau)\right] = e^{-s\tau}F(s) \qquad (8.5)$$

证明 由定义有

$$\mathscr{L}\left[f(t - \tau)\right] = \int_0^{+\infty} f(t - \tau)e^{-st}dt = \int_\tau^{+\infty} f(t - \tau)e^{-st}dt$$

令 $t_1 = t - \tau$，则有

$$\mathscr{L}\left[f(t - \tau)\right] = \int_0^{+\infty} f(t_1)e^{-s(t_1 + \tau)}dt_1 = e^{-s\tau}F(s)$$

必须注意的是，本性质中对 $f(t)$ 的要求为：当 $t < 0$ 时 $f(t) = 0$. 此时 $f(t - \tau)$ 在 $t < \tau$ 时为零，故 $f(t - \tau)$ 应理解为 $f(t - \tau)u(t - \tau)$，而不是 $f(t - \tau)u(t)$. 因此式（8.5）完整的写法应为

$$\mathscr{L}\left[f(t - \tau)u(t - \tau)\right] = e^{-s\tau}F(s)$$

相应地，就有 $\mathscr{L}^{-1}\left[e^{-s\tau}F(s)\right] = f(t - \tau)u(t - \tau)$.

例8.7 设 $f(t) = \sin t$，求 $\mathscr{L}\left[f\left(t - \dfrac{\pi}{2}\right)\right]$.

解 由于 $\mathscr{L}\left[\sin t\right] = \dfrac{1}{s^2 + 1}$，根据式（8.5）有

$$\mathscr{L}\left[f\left(t - \frac{\pi}{2}\right)\right] = \mathscr{L}\left[\sin\left(t - \frac{\pi}{2}\right)\right]$$

$$= e^{-\frac{\pi}{2}s} \mathscr{L}\left[\sin t\right] = \frac{1}{1 + s^2} e^{-\frac{\pi}{2}s}$$

6. 尺度变换

设 $\mathscr{L}\left[f(t)\right] = F(s)$，则对任一常数 $a > 0$，有

$$\mathscr{L}\left[f(at)\right] = \frac{1}{a}F\left(\frac{s}{a}\right)$$

证明

$$\mathscr{L}\left[f(at)\right] = \int_0^{+\infty} f(at)e^{-st}dt$$

$$= \frac{1}{a}\int_0^{+\infty} f(x)e^{-\frac{s}{a}x}dx$$

$$= \frac{1}{a}F\left(\frac{s}{a}\right)$$

8.2.2　卷积与卷积定理

1. 卷积

在傅里叶变换中我们已经讨论了卷积的定义，利用拉普拉斯变换的特点，函数在变量取值小于零时为零函数，于是卷积定义式有新的表达式，当 $t \geq 0$ 时，有

$$
\begin{aligned}
f_1(t) * f_2(t) &= \int_{-\infty}^{+\infty} f_1(\tau) f_2(t-\tau) \mathrm{d}\tau \\
&= \int_0^{+\infty} f_1(\tau) f_2(t-\tau) \mathrm{d}\tau \\
&= \int_0^t f_1(\tau) f_2(t-\tau) \mathrm{d}\tau
\end{aligned}
\tag{8.6}
$$

显然，由式（8.6）定义的卷积仍然满足交换律、结合律，以及分配律等性质.

例 8.8　求函数 $f_1(t) = t$ 与 $f_2(t) = \sin t$ 的卷积.

解　由式(8.6) 有

$$
\begin{aligned}
f_1(t) * f_2(t) &= \int_0^t \tau \sin(t-\tau) \mathrm{d}\tau \\
&= \tau \cos(t-\tau) \Big|_0^t - \int_0^t \cos(t-\tau) \mathrm{d}\tau \\
&= t - \sin t
\end{aligned}
$$

2. 卷积定理

若 $\mathscr{L}[f_1(t)] = F_1(s)$，$\mathscr{L}[f_2(t)] = F_2(s)$，则有

$$
\mathscr{L}[f_1(t) * f_2(t)] = F_1(s) \cdot F_2(s)
$$

证明　由卷积的定义有

$$
\begin{aligned}
\mathscr{L}[f_1(t) * f_2(t)] &= \int_0^{+\infty} [f_1(t) * f_2(t)] \mathrm{e}^{-st} \mathrm{d}t \\
&= \int_0^{+\infty} \left[\int_0^t f_1(\tau) f_2(t-\tau) \right] \mathrm{e}^{-st} \mathrm{d}t
\end{aligned}
$$

上面的积分可以看成一个 $t - \tau$ 平面上区域 D 内（见图 8.1）的一个二次积分，交换

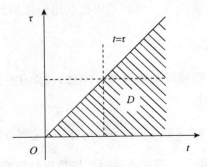

图 8.1　区域 D

积分次序即得

$$\mathscr{L}[f_1(t)*f_2(t)] = \int_0^{+\infty} f_1(\tau) \left[\int_\tau^{+\infty} f_2(t-\tau) e^{-st} dt \right] d\tau$$

对内层积分作变量代换 $t_1 = t - \tau$，有

$$\mathscr{L}[f_1(t)*f_2(t)] = \int_0^{+\infty} f_1(\tau) \left[\int_0^{+\infty} f_2(t_1) e^{-st_1} e^{-s\tau} dt_1 \right] d\tau$$

$$= F_2(s) \int_0^{+\infty} f_1(\tau) e^{-s\tau} d\tau = F_1(s) \cdot F_2(s)$$

例 8.9　已知 $F(s) = \dfrac{s^2}{(s^2+1)^2}$，求 $f(t)$.

解　由于 $F(s) = \dfrac{s^2}{(s^2+1)^2} = \dfrac{s}{s^2+1} \cdot \dfrac{s}{s^2+1}$，且 $\mathscr{L}^{-1}\left[\dfrac{s}{s^2+1}\right] = \cos t$，所以

$$f(t) = \mathscr{L}^{-1}[F(s)] = \cos t * \cos t$$

$$= \int_0^t \cos\tau\cos(t-\tau) d\tau$$

$$= \frac{1}{2} \int_0^t [\cos t + \cos(2\tau - t)] d\tau$$

$$= \frac{1}{2}(t\cos t + \sin t)$$

8.3　拉普拉斯逆变换

利用拉普拉斯变换求解具体问题时，常常需要由像函数 $F(s)$ 求像原函数 $f(t)$．从前面的讨论中，我们已经知道了可以利用拉普拉斯变换的性质并根据一些已知的变换来求像原函数，其中对像函数 $F(s)$ 进行合理的分解（或分离）是比较关键的一步，至于已知的变换则可以通过查表获得（见附录Ⅱ）．这种方法在许多情况下不失为一种有效而简单的方法，因而常常被使用，但其使用范围毕竟是有限的．下面介绍一种更一般的方法，它直接用像函数表示出像原函数，即所谓的反演积分，再利用留数求出像原函数．

8.3.1　反演积分公式

由拉普拉斯变换与傅里叶变换的关系可知，函数 $f(t)$ 的拉普拉斯变换 $F(s) = F(\beta + i\omega)$ 就是 $f(t)u(t)e^{-\beta t}$ 的傅里叶变换，即

$$F(\beta + i\omega) = \int_{-\infty}^{+\infty} f(t)u(t)e^{-\beta t}e^{-i\omega t} dt$$

因此当 $f(t)u(t)e^{-\beta t}$ 满足傅氏积分定理的条件时，按傅里叶逆变换，在 $f(t)$ 的连续点 t 处有

$$f(t)u(t)e^{-\beta t} = \frac{1}{2\pi} \int_{-\infty}^{+\infty} F(\beta + i\omega) e^{i\omega t} d\omega \tag{8.7}$$

事实上，这里仅要求 β 在 $F(s)$ 的存在域内即可. 将式（8.7）两边同乘 $e^{\beta t}$，并令 $s = \beta + i\omega$，则有

$$f(t)u(t) = \frac{1}{2\pi i}\int_{\beta-i\infty}^{\beta+i\infty} F(s)e^{st}ds \tag{8.8}$$

因此有

$$f(t) = \frac{1}{2\pi i}\int_{\beta-i\infty}^{\beta+i\infty} F(s)e^{st}ds, \ t > 0$$

上式就是由像函数 $F(s)$ 求像原函数的一般公式，称为反演积分公式. 其中右端的积分称为反演积分，其积分路径是 s 平面上的一条直线 $\mathrm{Re}(s) = \beta$，该直线处于 $F(s)$ 的存在域中. 由于 $F(s)$ 在存在域中解析，因而在此直线的右边不包含 $F(s)$ 的奇点. 另外从式（8.8）中可以看出，由反演积分算出的结果当 $t < 0$ 时为零，这与我们的约定是一致的.

8.3.2　利用留数计算反演积分

定理 8.2　设 $F(s) = \mathscr{L}[f(t)]$，如果 $F(s)$ 的全部奇点 $s_1, s_2, \cdots, s_n$ 都位于半平面 $\mathrm{Re}(s) < \sigma$，其中 σ 为一个适当的常数，且当 $\mathrm{Re}(s) < \sigma$，$s \to \infty$ 时，$F(s) \to 0$，则对 $t > 0$ 有

$$\frac{1}{2\pi i}\int_{\sigma-i\infty}^{\sigma+i\infty} F(s)e^{st}ds = \sum_{k=1}^{n} \mathrm{Res}\,[F(s)e^{st}, s_k]$$

即

$$f(t) = \sum_{k=1}^{n} \mathrm{Res}[F(s)e^{st}, s_k] \qquad t > 0 \tag{8.9}$$

证明　作闭曲线 $\Gamma = L + \Gamma_R$（见图 8.2），其中 Γ_R 是半圆周，位于区域 $\mathrm{Re}(s) < \sigma$ 内，L 为线段 $\overline{(\sigma - iR)(\sigma + iR)}$. 当 R 充分大时，闭曲线 Γ 所围的区域包含 $F(s)$ 的所有奇点. 因为函数 e^{st} 在整个复平面上解析，所以函数 $F(s)e^{st}$ 的奇点就是 $F(s)$ 的全部奇点. 根据留数定理，有

$$\frac{1}{2\pi i}\oint_{\Gamma} F(s)e^{st}ds = \sum_{k=1}^{n} \mathrm{Res}\,[F(s)e^{st}, s_k]$$

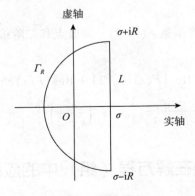

图 8.2　闭曲线 Γ

即

$$\frac{1}{2\pi i}\int_{\sigma-iR}^{\sigma+iR}F(s)e^{st}ds + \frac{1}{2\pi i}\int_{\Gamma_R}F(s)e^{st}ds = \sum_{k=1}^{n}\text{Res}[F(s)e^{st}, s_k]$$

令 $R\rightarrow+\infty$，当 $t>0$ 时，由约当定理知上式左端第二个积分的极限为零，即

$$\lim_{R\rightarrow+\infty}\frac{1}{2\pi i}\int_{\Gamma_R}F(s)e^{st}ds = 0$$

因此，有

$$\frac{1}{2\pi i}\int_{\sigma-i\infty}^{\sigma+i\infty}F(s)e^{st}ds = \sum_{k=1}^{n}\text{Res}[F(s)e^{st}, s_k]$$

例 8.10 已知 $F(s) = \dfrac{1}{(s-2)(s-1)^2}$，求 $f(t)=\mathscr{L}^{-1}[F(s)]$.

解法一 利用部分分式求解.

对 $F(s)$ 进行分解可得

$$F(s) = \frac{1}{s-2} - \frac{1}{s-1} - \frac{1}{(s-1)^2}$$

由于 $\mathscr{L}^{-1}\left[\dfrac{1}{s-a}\right] = e^{at}$，$\mathscr{L}^{-1}\left[\dfrac{1}{(s-1)^2}\right] = te^t$（见附录 II），因此

$$f(t) = e^{2t} - e^t - te^t$$

解法二 利用卷积求解.

设 $F_1(s) = \dfrac{1}{s-2}$，$F_2(s) = \dfrac{1}{(s-1)^2}$，则 $F(s) = F_1(s)\cdot F_2(s)$. 又因为 $f_1(t)=\mathscr{L}^{-1}[F_1(s)] = e^{2t}$，$f_2(t)=\mathscr{L}^{-1}[F_2(s)] = te^t$，根据卷积定理有

$$f(t) = f_1(t)*f_2(t) = \int_0^t \tau e^\tau \cdot e^{2(t-\tau)}d\tau$$

$$= e^{2t}\int_0^t \tau e^{-\tau}d\tau = e^{2t}(1-e^{-t}-te^{-t})$$

$$= e^{2t} - e^t - te^t$$

解法三 利用留数求解.

由于 $s_1=2$，$s_2=1$ 分别为像函数 $F(s)$ 的一阶极点和二阶极点，应用式（8.9）及留数计算法则有

$$f(t) = \text{Res}[F(s)e^{st}, 2] + \text{Res}[F(s)e^{st}, 1]$$

$$= \frac{e^{st}}{(s-1)^2}\bigg|_{s=2} + \left(\frac{e^{st}}{s-2}\right)'\bigg|_{s=1} = e^{2t} - e^t - te^t$$

8.4 拉普拉斯变换在解方程（组）中的应用

由前面的讨论可知，拉普拉斯变换是在对傅里叶变换改进的基础上发展起来的，它既继

承了傅里叶变换很多好的性质，又克服了傅里叶变换的一些不足之处．因此，拉普拉斯变换是比傅里叶变换应用更为广泛的一种积分变换．

和傅里叶变换类似，用拉普拉斯变换的方法求解微分方程（组）也是十分有效的．且由于在取拉普拉斯变换时，方程和初始条件同时用到，所求得的解就是满足初始条件的特解，避免了先求通解、再求特解的过程，因此用拉普拉斯变换求解微分方程（组）的初值问题特别方便．

现将运用拉普拉斯变换求解常系数线性微分方程（组）问题的主要步骤总结如下：

（1）对方程（组）两边同时取拉普拉斯变换，利用初始条件得到关于像函数 $F(s)$ 的代数方程（组）；

（2）求解关于 $F(s)$ 的代数方程（组），得到 $F(s)$ 的表达式；

（3）对 $F(s)$ 的表达式取拉普拉斯逆变换，求出像原函数 $f(t)$，最终得到原微分方程（组）的解．

例 8.11　求下面常系数线性微分方程的初值问题：

$$\begin{cases} x''(t) - 2x'(t) + 2x(t) = 2e^t\cos t \\ x(0) = x'(0) = 0 \end{cases}$$

解　设 $\mathscr{L}[x(t)] = X(s)$，方程两边同时取拉普拉斯变换，并应用初始条件，得

$$s^2 X(s) - 2sX(s) + 2X(s) = \frac{2(s-1)}{(s-1)^2 + 1}$$

求解此方程得

$$X(s) = \frac{2(s-1)}{[(s-1)^2 + 1]^2}$$

再求拉普拉斯逆变换得

$$x(t) = \mathscr{L}^{-1}[X(s)] = \mathscr{L}^{-1}\left[\frac{2(s-1)}{[(s-1)^2 + 1]^2}\right]$$

$$= e^t \mathscr{L}^{-1}\left[\frac{2s}{(s^2+1)^2}\right] = e^t \mathscr{L}^{-1}\left[\left(\frac{-1}{s^2+1}\right)'\right]$$

$$= te^t \mathscr{L}^{-1}\left[\frac{1}{s^2+1}\right] = te^t\sin t$$

例 8.12　求解微分方程组：

$$\begin{cases} y'' - x'' + x' - y = e^t - 2 \\ 2y'' - x'' - 2y' + x = -t \end{cases}$$

其满足初始条件：

$$\begin{cases} y(0) = y'(0) = 0 \\ x(0) = x'(0) = 0 \end{cases}$$

解　设 $\mathscr{L}[y(t)] = Y(s)$，$\mathscr{L}[x(t)] = X(s)$，对方程组两个方程两边取拉普拉斯变换，

同时考虑到初始条件得

$$\begin{cases} s^2Y(s) - s^2X(s) + sX(s) - Y(s) = \dfrac{1}{s-1} - \dfrac{2}{s} \\ 2s^2Y(s) - s^2X(s) - 2sY(s) + X(s) = -\dfrac{1}{s^2} \end{cases}$$

整理化简为

$$\begin{cases} (s+1)Y(s) - sX(s) = \dfrac{-s+2}{s(s-1)^2} \\ 2sY(s) - (s+1)X(s) = -\dfrac{1}{s^2(s-1)} \end{cases}$$

解这个代数方程组，即得

$$\begin{cases} Y(s) = \dfrac{1}{s(s-1)^2} \\ X(s) = \dfrac{2s-1}{s^2(s-1)^2} \end{cases}$$

现求它们的拉普拉斯逆变换. 对于 $Y(s) = \dfrac{1}{s(s-1)^2}$，有一阶极点 $s_1 = 0$ 和二阶极点 $s_2 = 1$，因此

$$y(t) = \text{Res}\left[\frac{e^{st}}{s(s-1)^2}, \ s_1\right] + \text{Res}\left[\frac{e^{st}}{s(s-1)^2}, \ s_2\right]$$

$$= \frac{e^{st}}{(s-1)^2}\bigg|_{s=0} + \left(\frac{e^{st}}{s}\right)'\bigg|_{s=1} = 1 + te^t - e^t$$

而 $X(s) = \dfrac{2s-1}{s^2(s-1)^2}$ 具有两个二阶极点：$s=0$，$s=1$. 所以

$$x(t) = \lim_{s\to 0}\frac{d}{ds}\left[\frac{2s-1}{(s-1)^2}e^{st}\right] + \lim_{s\to 1}\frac{d}{ds}\left[\frac{2s-1}{s^2}e^{st}\right]$$

$$= \lim_{s\to 0}\left[te^{st}\frac{2s-1}{(s-1)^2} - \frac{2s}{(s-1)^3}e^{st}\right] + \lim_{s\to 1}\left[te^{st}\frac{2s-1}{s^2} + e^{st}\frac{2(1-s)}{s^3}\right]$$

$$= -t + te^t$$

故

$$\begin{cases} x(t) = -t + te^t \\ y(t) = 1 - e^t + te^t \end{cases}$$

便是所求方程组的解.

习题 8

1. 求下列函数的拉普拉斯变换：

$(1)f(t) = \sin t\cos t$；

$(2)f(t) = e^{-4t}$；

$(3)f(t) = t^2$；

$(4)f(t) = \sin^2 t$.

2. 求下列函数的拉普拉斯变换：

$(1)f(t) = \begin{cases} 2, & 0 \leqslant t < 1 \\ 1, & 1 \leqslant t < 2 \\ 0, & t \geqslant 2 \end{cases}$；

$(2)f(t) = \begin{cases} \cos t, & 0 \leqslant t < \pi \\ 0, & t \geqslant \pi \end{cases}$.

3. 计算下列函数的卷积：

$(1)1 * 1$；

$(2)t * t$；

$(3)t * e^t$；

$(4)\sin at * \sin at$；

$(5)\delta(t - \tau) * f(t)$；

$(6)\sin t * \cos t$.

4. 设函数 f、g、h 均满足当 $t < 0$ 时恒为零，证明：

$$f * g(t) = g * f(t)$$
$$(f + g) * h(t) = f * h(t) = g * h(t)$$

5. 求下列函数的拉普拉斯逆变换：

$(1)F(s) = \dfrac{s}{(s - 1)(s - 2)}$；

$(2)F(s) = \dfrac{1}{s(s + 1)(s + 2)}$；

$(3)F(s) = \dfrac{1}{(s^2 + 4)^2}$；

$(4)F(s) = \dfrac{s^2 + 2s - 1}{s(s - 1)^2}$.

6. 求下列微分方程的解：

$(1)y'' + 2y' - 3y = e^{-t}$，$y(0) = 0$，$y'(0) = 1$；

$(2)y''' + y' = e^{2t}$，$y(0) = y'(0) = y''(0) = 0$；

$(3)\begin{cases} x' + x - y = e^t \\ y' + 3x - 2y = 2e^t \end{cases}$，$x(0) = y(0) = 1$.

7. 求下列积分方程的解：

$(1)x(t) + \displaystyle\int_0^t x(t - w) e^w \mathrm{d}w = 2t - 3$；

$(2)y(t) - \displaystyle\int_0^t (t - w) y(w) \mathrm{d}w = t$.

第 9 章

解析函数在平面向量场的应用

在历史上曾用复变函数证明了关于飞机翼升力的公式，并且这一重要结果反过来推动了复变函数的研究，此外，复变函数的发展还和流体力学、电磁学，以及数学中其他分支联系着．

9.1 用复变函数表示平面向量场

若某个空间向量场（简称空间场）中的所有量都是空间坐标的函数，而不依赖于时间变量，则称该场为稳定的．平面向量场（简称平面场）指的是一种特殊的空间向量场，在这个场中所有向量都平行于某一固定的平面 S，而且在任一垂直于 S 的直线 l 上的所有点处，场向量都相等，即场向量的分布是完全相同的．因此，研究这样的空间场，只要在平面 S 上讨论就可以了．

选定平面 S 作直角坐标系 Oxy，则场内每一具有分量 A_x 和 A_y 的向量 $\boldsymbol{A} = A_x\boldsymbol{i} + A_y\boldsymbol{j}$ 都可以用复数 $A = A_x + A_y\mathrm{i}$ 来表示．由于场中的点可用复数 $z = x + \mathrm{i}y$ 来表示，所以平面向量场 $\boldsymbol{A} = A_x(x, y)\boldsymbol{i} + A_y(x, y)\boldsymbol{j}$，可由复变函数 $A = A(z) = A_x(x, y) + \mathrm{i}A_y(x, y)$ 来表示．反之，若给定 Oxy 平面上区域 D 内的一个复变函数 $w = u(x, y) + \mathrm{i}v(x, y)$，则相当于在 D 内给出了一个平面向量场：

$$\boldsymbol{A} = u(x, y)\boldsymbol{i} + v(x, y)\boldsymbol{j}$$

例如，一个平面稳定流场 $\boldsymbol{V} = V_x(x, y)\boldsymbol{i} + V_y(x, y)\boldsymbol{j}$ 可用复变函数

$$V = V_x(x, y) + \mathrm{i}V_y(x, y)$$

来表示．又如，垂直于均匀带电的无限长直导线的所有平面上，电场的分布是相同的，因而可取其中某一平面为代表，当作平面电场来研究，由于电场强度向量为

$$E = E_x(x, y)\, \boldsymbol{i} + E_y(x, y)\, \boldsymbol{j}$$

所以该平面电场也可用一个复变函数

$$E = E(z) = E_x(x, y) + iE_y(x, y)$$

来表示.

平面向量场与复变函数的这种密切关系，不仅说明了复变函数具有明确的物理意义，而且使我们可利用复变函数的方法来研究向量场的有关问题.

9.2　复变函数在流体力学中的应用

由于解析函数的发展是与流体力学密切相联系的，现在我们以江面上水的流动为例，从中就可看出解析函数是怎样应用于流体力学的.

我们不限于水的流动，广泛一点说是流体的流动. 假设流体是质量均匀的，并且不可压缩，即其密度不因流体所处的位置以及受到的压力而改变. 假设流体的形式是定常的（即与时间无关）平面流动，所谓平面流动是指流体在垂直于某一固定平面的直线上各点均有相同的流动情况，见图 9.1（a）. 流体层的厚度可以不考虑，或者认为是一个单位长.

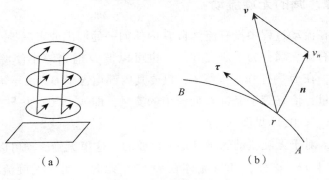

（a）　　　　　　　　　　　　（b）

图 9.1　流体层

9.2.1　流量与环量

设流体在 z 平面上某一区域 D 内流动，$v(z) = p + qi$ 是在点 $z \in D$ 处的流速，其中 $p = p(x, y)$，$q = q(x, y)$ 分别为 $v(z)$ 的水平及垂直分速，并且假设它们都是连续的.

今考查流体在单位时间内流过以 A 为起点，B 为终点的有向曲线 r［见图 9.1（b）］一侧的流量（实际上是流体层的质量）. 为此，取弧元 ds，$\boldsymbol{n}$ 为其单位法向量，它指向曲线 r 的右边（顺着 A 到 B 的方向看）. 显然，在单位时间内流过 ds 的流量为 $v_n ds$（v_n 是 v 在 $\boldsymbol{n}$ 上的投影），再乘上流体层的厚度以及流体的密度（取厚度为一个单位长，密度为 1），因此，这个流量的值就是 $v_n ds$.

切向量 $dz = dx + idy$ 的长度可用 $d\varepsilon$ 表示. 当 v 与 $\boldsymbol{n}$ 的夹角为锐角时，流量 $v_n ds$ 为正；当夹角为钝角时流量为负. 令 $\boldsymbol{\tau} = \dfrac{dx}{ds} + i\dfrac{dy}{ds}$ 是顺 r 正向的单位切向量，故 $\boldsymbol{n}$ 恰好可由 $\boldsymbol{\tau}$ 旋转 $-\dfrac{\pi}{2}$

得到，即

$$n = e^{-\frac{\pi}{2}i}\boldsymbol{\tau} = -i\boldsymbol{\tau} = \frac{d\boldsymbol{y}}{ds} - i\frac{d\boldsymbol{x}}{ds}$$

于是 $\boldsymbol{v}$ 在 $\boldsymbol{n}$ 上的投影为 $v_n = \boldsymbol{v} \cdot \boldsymbol{n} = p\dfrac{d\boldsymbol{y}}{ds} - q\dfrac{d\boldsymbol{x}}{ds}$. 以 N_r 表示单位时间内流过 r 的流量，则 $N_r = \displaystyle\int_r \left(p\dfrac{dx}{ds} - q\dfrac{dy}{ds}\right) ds = \int_r - qdy + pdx$.

在流体力学中，还有一个重要的概念，即流速的环量，它定义为：流速在曲线 r 上的切线分速，沿着该曲线的积分，以 Γ_r 表示. 于是

$$\Gamma_r = \int_r \left(p\frac{dx}{ds} + q\frac{dy}{ds}\right) ds = \int_r pdx + qdy$$

现在可以借助于复积分来表示环量和流量. 为此，用 i 乘 N_r，再与 Γ_r 相加即得

$$\Gamma_r + iN_r = \int_r pdx + qdy + i\int_r - qdx + pdy = \int_r (p - qi)(dx + idy)$$

即 $\Gamma_r + iN_r = \displaystyle\int_r \overline{v(z)}dz$，我们称 $\overline{v(z)}$ 为复速度.

9.2.2 无源、漏的无旋流动

我们可以假设在流动过程中没有流体自 D 内任何一处涌出或者漏掉. 用术语来说，即 D 内无源、漏. 即使有源、漏，为了研究方便，也可以把 D 适当缩小使源、漏从研究的区域中排除. 这样一来，在 D 内任作一围线 C，只要其内部均含于 D，由于不可压缩性，则经过 C 而流进 C 内的流量，恰好等于经过 C 而流出的流量，即 $N_C = 0$. 并且，在源点邻域 $N_C > 0$；在漏点邻域内 $N_C < 0$，（见图9.2）.

在流体力学中，对于无旋流动的研究是很重要的. 这里无旋流动可以定义为 $\Gamma_C = 0$，只要 C 及其内部均含于 D. 这样，如果流体在 D 内作无源、漏的无旋流动，其充要条件为 $\displaystyle\int_C \overline{v(z)}dz = 0$，只要 C 及其内部均含于 D，即知无源、漏的无旋流动特征是 $\overline{v(z)}$ 在该流动区域 D 内解析.

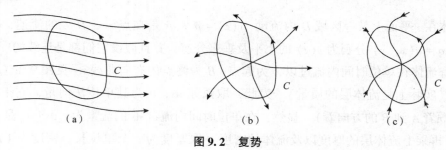

图9.2 复势

(a) $N_C > 0$；(b) $N_C > 0$；(c) $N_C > 0$

9.2.3 复势

设在区域 D 内有一无源、漏的无旋流动（见图9.2），从以上的讨论可知其对应的复速

度为解析函数 $\overline{v(z)}$. 如果 $f(z)$ 在 D 内处处满足 $f'(z) = \overline{v(z)}$，则称函数 $f(z)$ 为对应于此流动的复势. 对于无源、漏的无旋流动，复势总是存在的，如果略去常数不计，它还是唯一的. 这是因为 $\overline{v(z)}$ 解析，有

$$f(z) = \int_{z_0}^{2} \overline{v(z)}\,\mathrm{d}z$$

上式就是复势，其中 $z \in D$. 当 D 为单连通区域时，$f(z)$ 为单值解析函数；当 D 为多连通区域时，$f(z)$ 可能为多值解析函数，但它在 D 内任何一个单连通子区域均能分出单值解析分支.

设 $f(z) = \varphi(x,\ y) + \mathrm{i}\psi(x,\ y)$ 为某一流动的复势，称 $\varphi(x,\ y)$ 为所述流动的势函数，称 $\varphi(x,\ y) = k$（k 为实常数）为势线；称 $\psi(x,\ y)$ 为所述流动的流函数，称 $\psi(x,\ y) = k$（k 为实常数）为流线.

因 $\varphi_x + \mathrm{i}\psi(x,\ y) = f'(z) = \overline{v(z)} = p - \mathrm{i}q$，所以 $p = \varphi_x = \psi_y$，$q = -\psi_x = \varphi_y$. 又因流线上点的速度方向与该点方向一致，即流线的微分方程为

$$\frac{\mathrm{d}x}{p} = \frac{\mathrm{d}y}{q}$$

即 $\psi_x \mathrm{d}x + \psi_y \mathrm{d}y = 0$，而 $\psi(x,\ y)$ 为调和函数，则有 $\psi_{xy} = \psi_{yx}$，于是 $\mathrm{d}\psi(x,\ y) = 0$，所以 $\psi(x,\ y) = k$ 就是流线方程的积分曲线. 流线与势线在流速不为零的点处互相正交.

用复势来刻画流动比用复速度方便，因为由复势求复速度只用到求导数，反之则要用积分. 另一方面，复势容易求流线和势线，这样就可以了解流动的情况.

例 9.1　考查复势为 $f(z) = az$ 的流动情况.

解　设 $a > 0$，则势函数和流函数分别为

$$\varphi(x,\ y) = ax,\quad \psi(x,\ y) = ay$$

故势线是 $x = C_1$；流线是 $y = C_2$（C_1、C_2 均为实常数）. 这种流动称为均匀常流（见图 9.3）. 当 a 为复数时，情况相仿，势线和流线也是直线，只是方向有了改变，这时的速度为 $\overline{a}$.

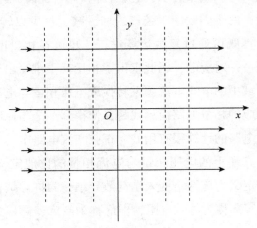

图 9.3　均匀常流

例 9.2 设复势 $f(z) = z^2$，试确定其流线、势线和速度.

解 势函数和流函数分别为 $\varphi(x, y) = x^2 - y^2$，$\psi(x, y) = 2xy$，势线及流线是互相正交的两族等轴双曲线（见图 9.4）. 在点 z 处的速度 $v(z) = \overline{f'(z)} = 2\bar{z}$.

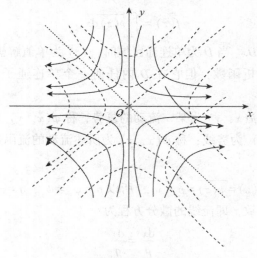

图 9.4 等轴双曲线

9.3 复变函数在工程中的应用

9.3.1 相量法分析线性电路的正弦稳态响应

相量法是分析正弦稳态电路的便捷方法，它用称为相量的复数代表正弦量，将描述正弦稳态电路的微分（积分）方程变换成复数代数方程，从而简化了电路的分析和计算.

相量可在复平面上用一个向量来表示，它在任何时刻在虚轴上的投影即为正弦量在该时刻的瞬时值. 引入相量后，两个同频率正弦量的加、减运算可以转化为两个相应相量的加、减运算. 相量的加、减运算既可通过复数运算进行，也可在相量图上按向量加、减法则进行. 正弦量与它的相量是一一对应的，因此求出了相量就不难写出原来需要求的正弦量. 利用相量可将电路元件在时域中的电压电流关系转换成电压相量与电流相量的关系，将正弦交流电路中每个电路均用对应的相量电路模型代替，便得到一个与原电路相对应的相量电路模型，这种模型对正弦交流电路的计算很有用处. 正弦交流电路中一个不含独立电源且与外电路无耦合的一端口网络，其端上的电压相量与电流相量的比值定义为该网络的入端复数阻抗，简称阻抗. 它的倒数定义为该网络的入端复数导纳，简称导纳，阻抗和导纳分别用符号 Z 和 Y 表示. 复数阻抗的实部称为等效电阻，虚部称为电抗，模称为阻抗模，辐角称为阻抗角，它们分别用符号 R、X、$|z|$、φ 表示. 复数导纳的实部称为等效电导，虚部称为电纳，模称为导纳模，辐角称为导纳角，它们分别用符号 G、B、$|Y|$、φ 表示，于是

$$Z = R + jX = |z|e, \quad Y = G + jB = |Y|e$$

显然，阻抗模等于端口电压振幅（有效值）与端口电流振幅（有效值）的比值，阻抗角等于端口电压超前端口电流的角度；导纳模等于端口电流振幅（有效值）与端口电压振幅（有效值）的比值，导纳角等于端口电流超前端口电压的角度. 电阻元件、电感元件和电容元件都是最简单的一端口网络. 显然，复数阻抗（复数导纳）的引入能使原非同类的元件归并为都以复数阻抗（复数导纳）来表征的同类元件，复数阻抗（复数导纳）在交流电路中的地位与直流电路中的电阻（电导）相当.

9.3.2　谐波分析法中的复变

在自然科学和工程技术中为了把较复杂的运算转化为较简单的运算，人们常采用变换的方法来达到目的，例如在初等数学中，数量的乘积和商可以通过对数变换化为较简单的加法和减法运算. 在工程数学里积分变换能够将分析运算（如微分、积分）转化为代数运算，正是积分变换的这一特性，使得它在微分方程、偏微分方程的求解中成为重要的方法之一. 积分变换的理论方法不仅在数学的诸多分支中得到广泛的应用，而且在许多科学技术领域中，例如物理学、力学、现代光学、无线电技术，以及信号处理等方面，作为一种研究工具发挥着十分重要的作用.

$f_T(t) = A_0 + \sum\limits_{n=1}^{+\infty} A_n \cos(n\omega_0 t + \theta_n)$ 表明周期信号可以分解为一系列固定频率的简谐波之和，这些简谐波的（角）频率分别为一个基频的倍数.

傅里叶变换是一种对连续时间函数的积分变换，通过特定形式的积分建立函数之间的对应关系，它既能简化计算（如解微分方程或化卷积为乘积等），又具有明确的物理意义（从频谱的角度来描述函数的特征），因而在许多领域被广泛地应用. 离散和快速傅里叶变换在计算机时代更是特别重要.

习题 9

1. 已知下列函数作为复势的平面稳定流动，求其复速度、流线和等势线.

（1）$w = (z + i)^2$；　　　　　　　（2）$w = z + \dfrac{1}{z}$.

2. 某流动的复势为 $w = f(z) = \dfrac{1}{z^2 - 1}$，试分别求出延沿下列圆周的流量和环量.

（2）$|z - 1| = \dfrac{1}{2}$；　　　　　　　（2）$|z| = 3$.

3，设平面静电场的复势为 $f(z) = e^z$，求该静电场的等势线、电力线，及电场强度.

参 考 答 案

习题 1

1. （1）$\operatorname{Re} z = \dfrac{16}{25}$，$\operatorname{Im} z = \dfrac{8}{25}$，$|z| = \dfrac{8\sqrt{5}}{25}$，$\operatorname{Arg} z = \arctan \dfrac{1}{2} + 2k\pi$，$k \in \mathbf{Z}$；

（2）$\operatorname{Re} z = -1$，$\operatorname{Im} z = 0$，$|z| = 1$，$\operatorname{Arg} z = \pi + 2k\pi$，$k \in \mathbf{Z}$；

2. $\operatorname{Re} z = \dfrac{16}{25}$，$\operatorname{Im} z = \dfrac{8}{25}$，$z\bar{z} = \left(\dfrac{16}{25} + \dfrac{8}{25}\mathrm{i}\right)\left(\dfrac{16}{25} - \dfrac{8}{25}\mathrm{i}\right) = \dfrac{64}{125}$.

3. $z_1 = -1 + \mathrm{i}\sqrt{3} = 2\left(\cos \dfrac{2}{3}\pi + \mathrm{i}\sin \dfrac{2}{3}\pi\right) = 2\mathrm{e}^{\mathrm{i}\frac{2}{3}\pi}$；

$z_2 = \dfrac{2\mathrm{i}}{-1 + \mathrm{i}} = \sqrt{2}\left[\cos\left(-\dfrac{\pi}{4}\right) + \mathrm{i}\sin\left(-\dfrac{\pi}{4}\right)\right] = \sqrt{2}\,\mathrm{e}^{-\mathrm{i}\frac{\pi}{4}}$.

4. （1）$z_1 = \cos \dfrac{\pi}{6} + \mathrm{i}\sin \dfrac{\pi}{6} = \dfrac{\sqrt{3}}{2} + \dfrac{1}{2}\mathrm{i}$，

$z_2 = \cos \dfrac{5}{6}\pi + \mathrm{i}\sin \dfrac{5}{6}\pi = -\dfrac{\sqrt{3}}{2} + \dfrac{1}{2}\mathrm{i}$，

$z_3 = \cos \dfrac{9}{6}\pi + \mathrm{i}\sin \dfrac{9}{6}\pi = -\dfrac{\sqrt{3}}{2} - \dfrac{1}{2}\mathrm{i}$；

（2）$2^{\frac{3}{8}}\left(\cos \dfrac{3 + 8k}{16}\pi + \mathrm{i}\sin \dfrac{3 + 8k}{16}\pi\right)$，$k = 0,\ 1,\ 2,\ 3$.

5. 证明　因 $|z_1| = |z_2| = |z_3| = 1$，所以 z_1、z_2、z_3 都在圆周 $|z| = 1$ 上．以 0、z_1、$z_1 + z_2$ 为顶点的三角形是正三角形，所以向量 z_1、$z_1 + z_2$ 之间的夹角是 $\dfrac{\pi}{3}$，同理 z_2、$z_1 + z_3$ 之间的夹角也是 $\dfrac{\pi}{3}$，于是 z_1、z_2 之间的夹角是 $\dfrac{2\pi}{3}$，同理 z_1，z_3 之间，z_2、z_3 之间的夹角都是 $\dfrac{2\pi}{3}$，所以 z_1、z_2、z_3 是一个正三角形的三个顶点．

6. 证明　易知 $z = \cos \theta \pm \mathrm{i}\sin \theta$.

当 $z = \cos \theta + \mathrm{i}\sin \theta$ 时，$z^{-1} = \cos \theta - \mathrm{i}\sin \theta$，则 $z^n + z^{-n} = (\cos n\theta + \mathrm{i}\sin n\theta) + [\cos(-n\theta) + \mathrm{i}\sin(-n\theta)] = 2\cos n\theta$，故 $z^n + z^{-n} = 2\cos n\theta\,(z \neq 0)$.

当 $z = \cos \theta - \mathrm{i}\sin \theta$ 时，同理可证．

7. （1）有界，单连通区域域；（2）无界，单连通区域.

8. （1） $\begin{cases} x > 0 \\ y - 1 > 0, \\ x = y - 1 \end{cases}$ 则点 z 的轨迹如右图所示.

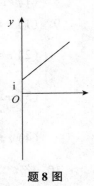

题 8 图

（2） $|z + a|^2 = |a|^2 - b.$

若 $|a|^2 = b$，则 z 的轨迹为一点 $- a$；

若 $|a|^2 > b$，则 z 的轨迹为圆，圆心在 $- a$，半径为 $\sqrt{|a|^2 - b}$；

若 $|a|^2 < b$，无意义；

9. 证明 $\lim\limits_{z \to 0} \dfrac{\text{Re } z}{z} = \lim\limits_{\substack{x \to 0 \\ y \to 0}} \dfrac{x}{x + iy}.$

令 $y = kx$，则上述极限为 $\dfrac{1}{1 + ki}$ 不确定，因而极限不存在.

10. （1）0；（2）不存在.

习题 2

1. 略.

2. （1）在直线 $\sqrt{2}\,x \pm \sqrt{3}\,y = 0$ 上可导，但在复平面上处处不解析；

　（2）在直线 $x - y = 1$ 处可导，但在复平面上处处不解析；

　（3）在原点 $z = 0$ 处可导，但在复平面上处处不解析；

　（4）在复平面上处处可导，处处解析.

3. （1）在复平面上处处解析，且 $f'(z) = 3(z - 2)^2$；

　（2）在复平面上处处解析，且 $f'(z) = 2z + 5i$；

　（3）在复平面上除点 $z \neq \pm i$ 外处处解析，$f'(z) = -\dfrac{2z}{(z^2 + 1)^2}$；

　（4）当 $c \neq 0$，即当 $z \neq -\dfrac{d}{c}$ 时，$f'(z) = \dfrac{ad - bc}{(cz + d)^2}$，因此，函数在复平面上除点

　$z \neq -\dfrac{d}{c}$ 外处处解析，当 $c = 0$，即 $d \neq 0$ 时，$f'(z) = \dfrac{a}{d}$，因此，函数在复平面上处

　处解析.

4. （1）有 0，1 两个奇点；

　（2）有 1，$+ i$，$- i$ 三个奇点.

5. （1）假；（2）真；（3）假；（4）假；（5）假；（6）真.

6. $m = 1$，$p = 1$，$q = 3$.

7. 略.

8. （1）正确；（2）正确；（3）正确.

9. （1）$z = n\pi(n = 0, \pm 1, \pm 2, \cdots)$；

（2）$z = n\pi + \dfrac{\pi}{2}(n = 0, \pm 1, \pm 2, \cdots)$；

（3）$z = \ln 5 + i\left(\arctan \dfrac{4}{-3} + \pi + 2n\pi\right)(n = 0, \pm 1, \pm 2, \cdots)$；

（4）$z = \left(2n + \dfrac{3}{4}\right)\pi - i\ln(\sqrt{2} + 1)(n = 0, \pm 1, \pm 2, \Lambda)$.

10. 略.

11. （1）$-\dfrac{\pi}{2}i + 2k\pi i(k = 0, \pm 1, \pm 2, \cdots)$，主值为 $-\dfrac{\pi}{2}i$；

（2）$\dfrac{1}{2}\ln 2 + \dfrac{\pi}{4}i + 2k\pi i(k = 0, \pm 1, \pm 2, \cdots)$，主值为 $\dfrac{1}{2}\ln 2 + \dfrac{\pi}{4}i$.

12. （1）$3^{\sqrt{5}} \cdot \left[\cos(2k + 1)\pi \cdot \sqrt{5} + i\sin(2k + 1)\pi\sqrt{5}\right]$；

（2）$-ei$；

（3）$\sqrt{2} \cdot e^{2k\pi + \frac{\pi}{4}} \cdot \left[\cos\left(\dfrac{\pi}{4} - \ln\sqrt{2}\right) + i\sin\left(\dfrac{\pi}{4} - \ln\sqrt{2}\right)\right]$.

13. 略.

14. （1）$-\mathrm{ch}5$；（2）$\dfrac{\sin 6 - i\mathrm{sh} 2}{2(\mathrm{ch}^2 1 - \sin^2 3)}$；（3）$i\sin 2$；（4）$\dfrac{\pi}{3} + 2k\pi(k = 0, \pm 1, \pm 2, \cdots)$

15. 略.

习题3

1. （1）$-\dfrac{1}{3} + \dfrac{i}{3}$；（2）$-\dfrac{1}{2} + \dfrac{5}{6}i$；（3）$-\dfrac{1}{2} - \dfrac{i}{6}$.

2. （1）$4\pi i$；（2）$8\pi i$

3. （1）0；（2）0；（3）$2\pi i$；（4）0.

4. $\oint_C \dfrac{e^z}{z}dz = \oint_{|z|=2} \dfrac{e^z}{z}dz - \oint_{|z|=1} \dfrac{e^z}{z}dz = 2\pi i - 2\pi i = 0.$

5. $\oint_C \dfrac{1}{z^2 - z}dz = \oint_{G_2} \dfrac{1}{z - 1}dz - \oint_{G_1} \dfrac{1}{z}dz = 2\pi i - 2\pi i = 0.$

6. （1）$\displaystyle\int_0^{\pi i} \sin z\,dz = -\cos z \Big|_0^{\pi i} = 1 - \cos \pi i$；

（2）$\displaystyle\int_1^{1+i} ze^z\,dz = (ze^z - e^z) \Big|_1^{1+i} = ie^{1+i}$；

(3) $\int_0^i (3e^z + 2z)\,dz = (3e^z + z^2)\Big|_0^i = 3e^i - 4.$

7. $\int_C \dfrac{1}{z^2}\,dz = -\dfrac{1}{z}\Big|_{-3i}^i = -\dfrac{1}{i} - \dfrac{1}{3i} = \dfrac{4}{3}i.$

8. (1) $\oint_{|z-2|=1} \dfrac{e^z}{z-2}\,dz = 2\pi i e^z\big|_{z=2} = 2\pi i e^2;$

(2) $\oint_{|z|=2} \dfrac{2z^2 - z + 1}{z-1}\,dz = 2\pi i(2z^2 - z + 1)\big|_{z=1} = 4\pi i;$

(3) $\oint_{|z-i|=1} \dfrac{dz}{z^2 - i} = \oint_{|z-i|=1} \dfrac{1}{z - e^{\frac{\pi}{4}i}}\left(\dfrac{1}{z + e^{\frac{\pi}{4}i}}\right)dz = \dfrac{2\pi i}{2e^{\frac{\pi}{4}i}} = \pi e^{\frac{\pi}{4}i} = \pi\left(\dfrac{\sqrt{2}}{2} + i\dfrac{\sqrt{2}}{2}\right).$

9. (1) $I = \oint_C \dfrac{\frac{z}{z-2}}{2\left(z + \frac{1}{2}\right)}\,dz = \pi i\left(\dfrac{z}{z-2}\right)\Big|_{z=-\frac{1}{2}} = \dfrac{\pi i}{5};$

(2) $I = \oint_C \dfrac{\frac{z}{2z+1}}{z-2}\,dz = 2\pi i\left(\dfrac{z}{2z+1}\right)\Big|_{z=2} = \dfrac{4}{5}\pi i;$

(3) 被积函数在 $|z-1| \leqslant \dfrac{1}{2}$ 内处处解析，故 $I = 0;$

(4) $I = \oint_{C_1} \dfrac{\frac{z}{z-2}}{2\left(z + \frac{1}{2}\right)}\,dz + \oint_{C_2} \dfrac{\frac{z}{2z+1}}{z-2}\,dz = \dfrac{\pi i}{5} + \dfrac{4\pi i}{5} = \pi i.$

10. 证明　设 $g(z) = \dfrac{1}{f(z)}$，因 $f(z)$ 为非常数解析函数，且 $\forall z \in G, f(z) \neq 0$，则 $g(z)$ 为非常数解析函数，所以 $g(z)$ 在 G 内不能取得最大模，即 $f(z)$ 不能在 G 内取得最小模.

11. (1) $\oint_{|z|=1} \dfrac{e^z}{z^{100}}\,dz = 2\pi i\dfrac{1}{99!}(e^z)^{(99)}\Big|_{z=0} = \dfrac{2\pi i}{99!}$

(2) $\oint_{|z|=2} \dfrac{\sin z}{\left(z - \frac{\pi}{2}\right)^2}\,dz = 2\pi i\cos z\big|_{z=\frac{\pi}{2}} = 0$

(3) $\oint_{C = C_1 + C_2} \dfrac{\cos z}{z^3}\,dz = \oint_{C_1} \dfrac{\cos z}{z^3}\,dz + \oint_{C_2} \dfrac{\cos z}{z^3}\,dz$

$$= 2\pi i \cdot \dfrac{1}{2!}(\cos z)''\big|_{z=0} - 2\pi i \cdot \dfrac{1}{2!}(\cos z)''\big|_{z=0} = 0$$

12. 略.

13. 略.

14. 略.

15. 略.

16. （1）是；（2）是；（3）是；（4）否.

17. （1）$f(z) = z^2 - \mathrm{i} \cdot \dfrac{z^2}{2} + \mathrm{i}C$；（2）$f(z) = \dfrac{1}{2} - \dfrac{1}{z}$.

18. f 是 D 内的解析函数.

19. 函数 $v = x + y$ 不是 $u = x + y$ 的共轭调和函数.

20. 略.

习题 4

1. 不一定. 反例：
$$\sum_{n=1}^{\infty} a_n = \sum_{n=1}^{\infty} \frac{1}{n} + \mathrm{i}\frac{1}{n^2}, \quad \sum_{n=1}^{\infty} b_n = \sum_{n=1}^{\infty} -\frac{1}{n} + \mathrm{i}\frac{1}{n^2} \text{ 发散，但 } \sum_{n=1}^{\infty}(a_n + b_n) = \sum_{n=1}^{\infty} \mathrm{i} \cdot \frac{2}{n^2} \text{ 收敛.}$$

2. （1）发散；（2）发散；（3）条件收敛；（4）条件收敛；（5）发散.

3. （1）不正确，因为幂级数在它的收敛圆周上可能收敛，也可能发散；

（2）不正确，因为收敛的幂级数的和函数在收敛圆周内是解析的.

4. 收敛半径都是 $R = 1$，在收敛圆周上的情况如下：

$$\sum_{n=0}^{\infty} z^n \text{ 在 } |z| = 1 \text{ 上处处发散；}$$

$$\sum_{n=0}^{\infty} \frac{z^n}{n} \text{ 在 } |z| = 1 \text{ 上，当 } z = -1 \text{ 时收敛，当 } z = 1 \text{ 时发散；}$$

$$\sum_{n=0}^{\infty} \frac{z^n}{n^2} \text{ 在 } |z| = 1 \text{ 上处处绝对收敛，因而也是处处收敛.}$$

5. 收敛半径是 $R = 1$，其收敛圆周 $|z - 1| = 1$，当 $z = 0$ 时，幂级数 $\displaystyle\sum_{n=0}^{\infty} \frac{(z-1)^n}{n}$ 收敛，

当 $z = 2$ 时，幂级数 $\displaystyle\sum_{n=0}^{\infty} \frac{(z-1)^n}{n}$ 发散.

6. （1）$|z - \mathrm{i}| < 1$；（2）$|z - 1| < 1$.

7. （1）收敛半径 $R = 1$，$\displaystyle\sum_{n=1}^{\infty}(-1)^{n-1} \cdot nz^n = -\frac{z}{(1+z)^2}$，$|z| < 1$；

（2）$\displaystyle\sum_{n=0}^{\infty}(-1)^n \cdot \frac{z^{2n}}{(2n)!} = \cos z$，$R = +\infty$.

8. $\ln(1 + \mathrm{e}^{-z}) = \ln 2 - \dfrac{1}{2}z + \dfrac{1}{2! \cdot 2^2}z^2 - \dfrac{1}{4! \cdot 2^3}z^4 + \cdots$，$R = \pi$.

9. （1）$\dfrac{1}{2z - 3} = -\displaystyle\sum_{n=0}^{\infty} 2^n(z-1)^n$，$|z - 1| < \dfrac{1}{2}$；

（2）$\sin^3 z = \dfrac{3}{4}\displaystyle\sum_{n=0}^{\infty}(-1)^n \cdot \frac{3^{2n}-1}{(2n+1)!}z^{2n+1}$，$|z| < \infty$；

(3) 当 $|z| < 1$ 时，有 $f(z) = \sum_{n=0}^{\infty} (-1)^n \dfrac{z^{2n+1}}{2n+1}$；

(4) $\sum_{n=0}^{\infty} (-1)^n \left(\dfrac{1}{3^{n+1}} - \dfrac{1}{4^{n+1}} \right) (z-2)^n$，收敛范围为 $|z-2| < 3$.

10. (1) $f(z) = -\sum_{n=0}^{\infty} \left(\dfrac{z^{n+1}}{2^{n+1}} + \dfrac{1}{z^n} \right)$；

(2) $f(z) = \dfrac{1}{z-2} + \sum_{n=0}^{\infty} (-1)^n \dfrac{1}{(z-2)^{n+2}}$.

11. (1) $f(z) = \sum_{n=1}^{\infty} n z^{n-1} \ (|z| < 1)$；

(2) $f(z) = \sum_{n=0}^{\infty} (-1)^n (z-1)^{n-2} \ (|z-1| < 1)$.

12. (1) $f(z) = \sum_{n=-1}^{\infty} \mathrm{i}^n (z-\mathrm{i})^n$；(2) $f(z) = \sum_{n=0}^{-\infty} \mathrm{i}^n (z-\mathrm{i})^{n-2}$

习题 5

1. 首先，求 $f(z)$ 的奇点，$f(z)$ 的奇点出自方程 $1 + e^z = 0$ 的解. 解方程得
$$z = \mathrm{Ln}(-1) = (2k+1)\pi\mathrm{i} \qquad k = 0, \ \pm 1, \ \pm 2, \cdots$$
若设 $z_k = (2k+1)\pi\mathrm{i}(k=0, \ \pm 1, \ \pm 2, \cdots)$，则可以知道 z_k 为 $f(z)$ 的孤立奇点. 另外，因 $(1 + e^z)|_{z=z_k} = 0$，$(1 + e^z)'|_{z=z_k} \neq 0$. 所以，由零点的定义可以得到 z_k 为 $1 + e^z$ 的一阶零点，从而知 $z_k(k=0, \ \pm 1, \ \pm 2, \cdots)$ 均为 $f(z)$ 的一阶极点.

2. (1) $z = 0$ 为 4 阶零点；(2) $z = 0$ 是 15 阶零点.

3. $z = 1$ 是 $f(z)$ 的本质奇点.

4. $z = 1$ 不是孤立奇点.

5. $\mathrm{e}^{\frac{\mathrm{i}(\pi+2k\pi)}{4}}(k = 0, 1, 2, 3)$ 是函数 $f(z)$ 的一阶极点；$z = \infty$ 是函数 $f(z)$ 的可去奇点.

6. $\mathrm{Res}\left[z^2 \sin \dfrac{1}{z}, \ 0 \right] = \dfrac{-1}{3!}$，$\mathrm{Res}\left[z^2 \sin \dfrac{1}{z}, \ \infty \right] = \dfrac{1}{3!}$.

7. $z = 0.2$ 为 $f(z)$ 的一阶极点，$\mathrm{Res}[f(z), 0] = -\dfrac{1}{2}$，$\mathrm{Res}[f(z), 0] = \dfrac{3}{2}$.

8. (1) $z = \pm\mathrm{i}$ 为 $f(z)$ 的三阶极点，有
$$\mathrm{Res}[f(z), \ \mathrm{i}] = -\dfrac{3}{8}\mathrm{i}, \ \mathrm{Res}[f(z), \ -\mathrm{i}] = \dfrac{3}{8}\mathrm{i}.$$

(2) $z = 0$ 是 $f(z)$ 的三阶极点，$\mathrm{Res}[f(z), \ 0] = -\dfrac{4}{3}$.

9. (1) $z_k = k\pi + \dfrac{\pi}{2}(k = 0, \ \pm 1, \cdots)$ 是 $f(z)$ 的一阶极点，故

$$\text{Res}[f(z),\ z_k] = (-1)^{k-1}\left(k\pi + \frac{\pi}{2}\right)$$

（2）$z = 0$ 是函数 $f(z)$ 二阶极点，$z_k = k\pi (k = \pm 1,\ \pm 2,\ \cdots)$ 是 $f(z)$ 一阶极点，有

$$\text{Res}[f(z),\ 0] = \lim_{z \to 0} \frac{\mathrm{d}}{\mathrm{d}z}\left[z^2 \frac{1}{z\sin z}\right] = 0$$

$$\text{Res}[f(z),\ k\pi] = \frac{1}{(z\sin z)'}\bigg|_{z = z_k} = \frac{(-1)^k}{k\pi} \qquad k = \pm 1,\ \pm 2,\ \cdots$$

10. （1）0；（2）0；（3）-2；（4）0；（5）$\dfrac{\mathrm{e}^{-1} - \mathrm{e}}{2}$.

11. $\dfrac{2\pi}{p^2 - 1}$.

12. $I = \dfrac{2\pi}{n!}$.

13. $\dfrac{\sqrt{2}\pi}{4a^3}$.

14. $\dfrac{\pi}{2}\mathrm{e}^{-m}$.

15. $\dfrac{\pi^2}{\mathrm{e}}\cos 2$.

16*. 设 $f(z) = a_t z^{n-t}$，$\varphi(z) = a_0 z^n + \cdots + a_{t-1} z^{n-t+1} + a_{t+1} z^{n-t-1} + \cdots + a_n$. 易于验证在单位圆周 $|z| = 1$ 上，有 $|f(z)| > |\varphi(z)|$.

根据路西定理知，$p(z) = f(z) + \varphi(z)$ 在单位圆周 $|z| < 1$ 内的零点，与 $f(z)$ 在单位圆周 $|z| < 1$ 内的零点一样多，即 $n - t$ 个.

17*. 在单位圆周 $|z| = 1$ 上，有 $|-az^n| = |a| > \mathrm{e}$，并且 $|\mathrm{e}^z| = \mathrm{e}^{\text{Re}\,z} \leqslant \mathrm{e}^{|z|} = \mathrm{e}$. 即有

$$|\mathrm{e}^z| < |-az^n|$$

而函数 e^z 及 $-az^n$ 均在单位圆周 $|z| \leqslant 1$ 上解析，故由路西定理可以得到

$$N(\mathrm{e}^z - az^n,\ |z| = 1) = N(-az^n,\ |z| = 1) = n$$

即方程 $\mathrm{e}^z - az^n = 0$ 在单位圆周 $|z| < 1$ 内有 n 个根.

习题 6

1. （1）$u = \dfrac{1}{a}$；（2）$v = -ku$.

2. 经过点 i 且平行实轴正向的向量映射成 w 平面上过点 -1，且方向垂直向上的向量，作图略.

3. （1）$\text{Im}\,w > \text{Re}\,w$；

(2) Re $w>0$，Im $w>0$，$|w\frac{1}{2}| > \frac{1}{2}$（以$\left(\frac{1}{2},\ 0\right)$为圆心、$\frac{1}{2}$为半径的圆）.

4. $w = \dfrac{3z + (\sqrt{5} - 2i)}{(\sqrt{5} - 2i)z + 3}$.

5. （1）$w = \dfrac{2z - 1}{z - 2}$；　（2）$w = i \cdot \dfrac{2z - 1}{2 - z}$.

6. $w = \dfrac{(i - 1)z + 1}{-z + (1 + i)}$.

7. $w = \exp\left\{\dfrac{b\pi i}{b - a}\dfrac{z - 2a}{z}\right\}$

习题7

1. 略.

2. (1) $-\dfrac{2i}{\omega}[1 - \cos \omega]$；　　　　　　(2) $\dfrac{1}{1 - i\omega}$；

　(3) $-\dfrac{4}{\omega^2}\left(\cos \omega - \dfrac{1}{\omega}\sin \omega\right)$；　　　(4) $\dfrac{2}{4 + (1 + i\omega)^2}$.

3. $(1 - e^{-t})u(t)$.

4. 略.

5. $F(\omega) = \cos \omega a + \cos \dfrac{\omega a}{2}$.

6. $f(t) = \cos \omega_0 t$.

7. (1) $F(\omega) = \dfrac{\pi i}{2}[\delta(\omega + 2) - \delta(\omega - 2)]$；

　(2) $F(\omega) = \dfrac{-1}{(\omega - \omega_0)^2} + \pi i \delta'(\omega - \omega_0)$.

习题8

1. (1) $\dfrac{1}{s^2 + 4}$；(2) $\dfrac{1}{s + 4}$；(3) $\dfrac{2}{s^3}$；(4) $\dfrac{2}{s(s^2 + 4)}$.

2. (1) $\dfrac{1}{s}(2 - e^{-s} - e^{-2s})$；(2) $\dfrac{1}{s}(1 + e^{-\pi s}) + \dfrac{1}{1 + s^2}(1 + e^{-\pi s})$.

3. (1)t；(2) $\dfrac{1}{6}t^3$；(3)$e^t - t - 1$；(4) $\dfrac{1}{2a}\sin at - \dfrac{t}{2}\cos at$；(5)$\begin{cases} 0, & t < \tau \\ f(t - \tau), & 0 \leqslant \tau \leqslant t \end{cases}$；

　(6) $\dfrac{1}{2}t\sin t$.

4. 略.

5. $(1) 2e^{2t} - e^t$; $(2) \frac{1}{2} - e^{-t} + \frac{1}{2}e^{-2t}$; $(3) \frac{1}{16}\sin 2t - \frac{1}{8}t\cos 2t$; $(4) 2te^t + 2e^t - 1$.

6. $(1) y(t) = \frac{3}{8}e^t - \frac{1}{4}e^{-t} - \frac{1}{8}e^{-3t}$; $(2) y(t) = \frac{1}{4}e^{-t} - \frac{1}{4}e^{-2t} + \frac{3}{2}te^{-3t} - 3t^2e^{-3t}$;

$(3) \begin{cases} x(t) = e^t \\ y(t) = e^t \end{cases}$.

7. $(1) x(t) = -3 + 5t - t^2$; $(2) y(t) = \text{sh } t$.

习题 9

1. $(1) v(z) = 2(\overline{z - i})$, 流线为 $x(y + 1) = C_1$, 等势线为 $x^2 - (y + 1)^2 = C_2$;

$(2) v(z) = 1 - \frac{1}{z^2}$, 流线为 $y - \frac{y}{x^2 + y^2} = C_1$, 等势线为 $y - \frac{y}{x^2 + y^2} = C_2$.

2. (1) 0, 0; (2) 0, 0.

3. 等势线为 $e^x \sin y = C_1$, 电力线为 $e^x \cos y = C_2$, 电场强度为 $E = -e^x \sin y - ie^x \cos y$.

附录 I

傅里叶变换简表

	$f(t)$	$F(\omega)$
1	$\cos \omega_0 t$	$\pi[\delta(\omega + \omega_0) + \delta(\omega - \omega_0)]$
2	$\sin \omega_0 t$	$i\pi[\delta(\omega + \omega_0) - \delta(\omega - \omega_0)]$
3	$\dfrac{\sin \omega_0 t}{\pi t}$	$\begin{cases} 1, & |\omega| \leqslant \omega_0 \\ 0, & |\omega| > \omega_0 \end{cases}$
4	$u(t)$	$\dfrac{1}{i\omega} + \pi\delta(\omega)$
5	$u(t - c)$	$\dfrac{1}{i\omega}e^{-i\omega c} + \pi\delta(\omega)$
6	$u(t) \cdot t$	$-\dfrac{1}{\omega^2} + \pi i\delta'(\omega)$
7	$u(t) \cdot t^n$	$\dfrac{n!}{(i\omega)^{n+1}} + \pi i^n\delta^{(n)}(\omega)$
8	$u(t)\sin at$	$\dfrac{a}{a^2 - \omega^2} + \dfrac{\pi}{2i}[\delta(\omega - a) - \delta(\omega + a)]$
9	$u(t)\cos at$	$\dfrac{i\omega}{a^2 - \omega^2} + \dfrac{\pi}{2}[\delta(\omega - a) + \delta(\omega + a)]$
10	$u(t)e^{-\beta t}(\beta > 0)$	$\dfrac{1}{\beta + i\omega}$
11	$u(t)e^{iat}$	$\dfrac{1}{i(\omega - a)} + \pi\delta(\omega - a)$
12	$u(t - c)e^{iat}$	$\dfrac{1}{i(\omega - a)}e^{-i(\omega - a)c} + \pi\delta(\omega - a)$
13	$u(t)e^{iat}t^n$	$\dfrac{n}{[i(\omega - a)]^{n+1}} + \pi i^n\delta^{(n)}(\omega - a)$
14	$e^{a|t|}(\text{Re}(a) < 0)$	$\dfrac{-2a}{\omega^2 + a^2}$
15	$\delta(t)$	1
16	$\delta(t - c)$	$e^{-i\omega c}$
17	$\delta'(t)$	$i\omega$

	$f(t)$	$F(\omega)$
18	$\delta^{(n)}(t)$	$(\mathrm{i}\omega)^n$
19	$\delta^{(n)}(t-c)$	$(\mathrm{i}\omega)^n \mathrm{e}^{-\mathrm{i}\omega c}$
20	1	$2\pi\delta(\omega)$
21	t	$2\pi\mathrm{i}\delta'(\omega)$
22	t^n	$2\pi\mathrm{i}^n\delta^{(n)}(\omega)$
23	$\mathrm{e}^{\mathrm{i}at}$	$2\pi\delta(\omega-a)$
24	$t^n\mathrm{e}^{\mathrm{i}at}$	$2\pi\mathrm{i}^n\delta^{(n)}(\omega-a)$
25	$\dfrac{1}{a^2+t^2}(\operatorname{Re}(a)<0)$	$-\dfrac{\pi}{a}\mathrm{e}^{a\mid\omega\mid}$
26	$\dfrac{t}{(a^2+t^2)^2}(\operatorname{Re}(a)<0)$	$\dfrac{\mathrm{i}\omega\pi}{2a}\mathrm{e}^{a\mid\omega\mid}$
27	$\dfrac{\mathrm{e}^{\mathrm{i}bt}}{a^2+t^2}(\operatorname{Re}(a)<0,\ b\ 为实数)$	$-\dfrac{\pi}{a}\mathrm{e}^{a\mid\omega-b\mid}$
28	$\dfrac{\cos bt}{a^2+t^2}(\operatorname{Re}(a)<0,\ b\ 为实数)$	$-\dfrac{\pi}{2a}\left[\mathrm{e}^{a\mid\omega-b\mid}+\mathrm{e}^{a\mid\omega+b\mid}\right]$
29	$\dfrac{\sin bt}{a^2+t^2}(\operatorname{Re}(a)<0,\ b\ 为实数)$	$-\dfrac{\pi}{2a\mathrm{i}}\left[\mathrm{e}^{a\mid\omega-b\mid}-\mathrm{e}^{a\mid\omega+b\mid}\right]$
30	$\dfrac{\operatorname{sh}at}{\operatorname{sh}\pi t}(-\pi<a<\pi)$	$\dfrac{\sin a}{\operatorname{ch}\omega+\cos a}$
31	$\dfrac{\operatorname{sh}at}{\operatorname{ch}\pi t}(-\pi<a<\pi)$	$-2\mathrm{i}\dfrac{\sin\dfrac{a}{2}\operatorname{sh}\dfrac{\omega}{2}}{\operatorname{ch}\omega+\cos a}$
32	$\dfrac{\operatorname{ch}at}{\operatorname{ch}\pi t}(-\pi<a<\pi)$	$2\dfrac{\cos\dfrac{a}{2}\operatorname{ch}\dfrac{\omega}{2}}{\operatorname{ch}\omega+\cos a}$
33	$\dfrac{1}{\operatorname{ch}at}$	$\dfrac{\pi}{a}\dfrac{1}{\operatorname{ch}\dfrac{\pi\omega}{2a}}$
34	$\sin at^2(a>0)$	$\sqrt{\dfrac{\pi}{a}}\cos\left(\dfrac{\omega^2}{4a}+\dfrac{\pi}{4}\right)$
35	$\cos at^2(a>0)$	$\sqrt{\dfrac{\pi}{a}}\cos\left(\dfrac{\omega^2}{4a}-\dfrac{\pi}{4}\right)$
36	$\dfrac{1}{t}\sin at(a>0)$	$\begin{cases}\pi, & \mid\omega\mid\leqslant a\\ 0, & \mid\omega\mid>a\end{cases}$

	$f(t)$	$F(\omega)$
37	$\dfrac{1}{t^2}\sin^2 at\,(a>0)$	$\begin{cases}\pi\left(a-\dfrac{\lvert\omega\rvert}{2}\right),\quad \lvert\omega\rvert\leqslant 2a\\[2mm]0,\quad \lvert\omega\rvert>2a\end{cases}$
38	$\dfrac{\sin at}{\sqrt{\lvert t\rvert}}$	$\mathrm{i}\sqrt{\dfrac{\pi}{2}}\left(\dfrac{1}{\sqrt{\lvert\omega+a\rvert}}-\dfrac{1}{\sqrt{\lvert\omega-a\rvert}}\right)$
39	$\dfrac{\cos at}{\sqrt{\lvert t\rvert}}$	$\sqrt{\dfrac{\pi}{2}}\left(\dfrac{1}{\sqrt{\lvert\omega+a\rvert}}+\dfrac{1}{\sqrt{\lvert\omega-a\rvert}}\right)$
40	$\dfrac{1}{\sqrt{\lvert t\rvert}}$	$\sqrt{\dfrac{2\pi}{\omega}}$
41	$\operatorname{sgn} t$	$\dfrac{2}{\mathrm{i}\omega}$
42	$\mathrm{e}^{-at^2}\,(\operatorname{Re}(a)>0)$	$\sqrt{\dfrac{\pi}{a}}\,\mathrm{e}^{-\frac{\omega^2}{4a}}$
43	$\lvert t\rvert$	$-\dfrac{2}{\omega^2}$
44	$\dfrac{1}{\lvert t\rvert}$	$\dfrac{\sqrt{2\pi}}{\lvert\omega\rvert}$

附录 Ⅱ

拉普拉斯变换简表

	$f(t)$	$F(s)$
1	1	$\dfrac{1}{s}$
2	e^{at}	$\dfrac{1}{s-a}$
3	$t^m(m>-1)$	$\dfrac{\Gamma(m+1)}{s^{m+1}}$
4	$t^m e^{at}(m>-1)$	$\dfrac{\Gamma(m+1)}{(s-a)^{m+1}}$
5	$\sin at$	$\dfrac{a}{s^2+a^2}$
6	$\cos at$	$\dfrac{s}{s^2+a^2}$
7	$\text{sh } at$	$\dfrac{a}{s^2-a^2}$
8	$\text{ch } at$	$\dfrac{s}{s^2-a^2}$
9	$t\sin at$	$\dfrac{2as}{(s^2+a^2)^2}$
10	$t\cos at$	$\dfrac{s^2-a^2}{(s^2+a^2)^2}$
11	$t\text{sh } at$	$\dfrac{2as}{(s^2-a^2)^2}$
12	$t\text{ch } at$	$\dfrac{s^2+a^2}{(s^2-a^2)^2}$
13	$t^m\sin at(m>-1)$	$\dfrac{\Gamma(m+1)}{2i(s^2+a^2)^{m+1}}\cdot[(s+ia)^{m+1}-(s-ia)^{m+1}]$
14	$t^m\cos at(m>-1)$	$\dfrac{\Gamma(m+1)}{2i(s^2+a^2)^{m+1}}\cdot[(s+ia)^{m+1}+(s-ia)^{m+1}]$
15	$e^{-bt}\sin at$	$\dfrac{a}{(s+b)^2+a^2}$

		$f(t)$	$F(s)$
16		$e^{-bt}\cos at$	$\dfrac{s+b}{(s+b)^2+a^2}$
17		$e^{-bt}\sin(at+c)$	$\dfrac{(s+b)\sin c+a\cos c}{(s+b)^2+a^2}$
18		$e^{-bt}\cos(at+c)$	$\dfrac{(s+b)\cos c-a\sin c}{(s+b)^2+a^2}$
19		$\sin^2 at$	$\dfrac{2a^2}{s(s^2+4a^2)}$
20		$\cos^2 at$	$\dfrac{s^2+2a}{s(s^2+4a^2)}$
21		$\sin at\sin bt$	$\dfrac{2abs}{[s^2+(a+b)^2][s^2+(a-b)^2]}$
22		$e^{at}-e^{bt}$	$\dfrac{a-b}{(s-a)(s-b)}$
23		$ae^{at}-be^{bt}$	$\dfrac{(a-b)s}{(s-a)(s-b)}$
24		$\dfrac{1}{a}\sin at-\dfrac{1}{b}\sin bt$	$\dfrac{b^2-a^2}{(s^2+a^2)(s^2+b^2)}$
25		$\cos at-\cos bt$	$\dfrac{(b^2-a^2)s}{(s^2+a^2)(s^2+b^2)}$
26		$\dfrac{1}{a^3}(at-\sin at)$	$\dfrac{1}{s^2(s^2+a^2)}$
27		$\dfrac{1}{a^4}(\cos at-1)+\dfrac{1}{2a^2}t^2$	$\dfrac{1}{s^3(s^2+a^2)}$
28		$\dfrac{1}{a^4}(\text{ch } at-1)-\dfrac{1}{2a^2}t^2$	$\dfrac{1}{s^2(s^2-a^2)}$
29		$\dfrac{1}{2a^3}(\sin at-at\cos at)$	$\dfrac{1}{(s^2+a^2)^2}$
30		$\dfrac{1}{2a}(\sin at+at\cos at)$	$\dfrac{s^2}{(s^2+a^2)^2}$
31		$\dfrac{1}{a^4}(1-\cos at)-\dfrac{t}{2a^3}\sin at$	$\dfrac{1}{s(s^2+a^2)^2}$
32		$(1-at)e^{-at}$	$\dfrac{s}{(s+a)^2}$
33		$t\left(1-\dfrac{a}{2}t\right)e^{-at}$	$\dfrac{s}{(s+a)^3}$
34		$\dfrac{1}{a}(1-e^{-at})$	$\dfrac{1}{s(s+a)}$

	$f(t)$	$F(s)$
35	$\dfrac{1}{ab} + \dfrac{1}{b-a}\left(\dfrac{e^{-bt}}{b} - \dfrac{e^{-at}}{a}\right)$	$\dfrac{1}{s(s+a)(s+b)}$
36	$\dfrac{e^{-at}}{(b-a)(c-a)} + \dfrac{e^{-bt}}{(a-b)(c-b)}$ $+ \dfrac{e^{-ct}}{(a-c)(b-c)}$	$\dfrac{1}{(s+a)(s+b)(s+c)}$
37	$\dfrac{ae^{-at}}{(c-a)(a-b)} + \dfrac{be^{-bt}}{(a-b)(b-c)}$ $+ \dfrac{ce^{-ct}}{(b-c)(c-a)}$	$\dfrac{s}{(s+a)(s+b)(s+c)}$
38	$\dfrac{a^2e^{-at}}{(c-a)(b-a)} + \dfrac{b^2e^{-bt}}{(a-b)(c-b)}$ $+ \dfrac{c^2e^{-ct}}{(b-c)(a-c)}$	$\dfrac{s^2}{(s+a)(s+b)(s+c)}$
39	$\dfrac{e^{-at} - e^{-bt}[1-(a-b)t]}{(a-b)^2}$	$\dfrac{1}{(s+a)(s+b)^2}$
40	$\dfrac{[a-b(a-b)t]e^{-bt} - ae^{-at}}{(a-b)^2}$	$\dfrac{s}{(s+a)(s+b)^2}$
41	$e^{-at} - e^{\frac{at}{2}}\left(\cos\dfrac{\sqrt{3}at}{2} - \sqrt{3}\sin\dfrac{\sqrt{3}at}{2}\right)$	$\dfrac{3a^2}{s^3 + a^3}$
42	$\sin at\,\mathrm{ch}\,at - \cos at\,\mathrm{sh}\,at$	$\dfrac{4a^3}{s^4 + 4a^4}$
43	$\dfrac{1}{2a^2}(\sin at\,\mathrm{sh}\,at)$	$\dfrac{s}{s^4 + 4a^4}$
44	$\dfrac{1}{2a^3}(\mathrm{sh}\,at - \sin at)$	$\dfrac{1}{s^4 - a^4}$
45	$\dfrac{1}{2a^2}(\mathrm{ch}\,at - \cos at)$	$\dfrac{s}{s^4 - a^4}$
46	$\dfrac{1}{\sqrt{\pi t}}$	$\dfrac{1}{\sqrt{s}}$
47	$2\sqrt{\dfrac{t}{\pi}}$	$\dfrac{1}{s\sqrt{s}}$
48	$\dfrac{1}{\sqrt{\pi t}}e^{at}(1 + 2at)$	$\dfrac{s}{(s-a)\sqrt{(s-a)}}$
49	$\dfrac{1}{2\sqrt{\pi t^3}}(e^{bt} - e^{at})$	$\sqrt{(s-a)} - \sqrt{(s-b)}$

	$f(t)$	$F(s)$
50	$\dfrac{1}{\sqrt{\pi t}}\cos 2\sqrt{at}$	$\dfrac{1}{\sqrt{s}}\mathrm{e}^{-\frac{a}{s}}$
51	$\dfrac{1}{\sqrt{\pi t}}\mathrm{ch}\,2\sqrt{at}$	$\dfrac{1}{\sqrt{s}}\mathrm{e}^{\frac{a}{s}}$
52	$\dfrac{1}{\sqrt{\pi a}}\sin 2\sqrt{at}$	$\dfrac{1}{s\sqrt{s}}\mathrm{e}^{-\frac{a}{s}}$
53	$\dfrac{1}{\sqrt{\pi a}}\mathrm{sh}\,2\sqrt{at}$	$\dfrac{1}{s\sqrt{s}}\mathrm{e}^{-\frac{a}{s}}$
54	$\dfrac{1}{t}(\mathrm{e}^{bt}-\mathrm{e}^{at})$	$\ln\dfrac{s-a}{s-b}$
55	$\dfrac{2}{t}\mathrm{sh}\,at$	$\ln\dfrac{s+a}{s-a}$
56	$\dfrac{2}{t}(1-\cos at)$	$\ln\dfrac{s^2+a^2}{s^2}$
57	$\dfrac{2}{t}(1-\mathrm{ch}\,at)$	$\ln\dfrac{s^2-a^2}{s^2}$
58	$\dfrac{1}{t}\sin at$	$\arctan\dfrac{a}{s}$
59	$\dfrac{1}{t}(\mathrm{ch}\,at-\cos bt)$	$\ln\sqrt{\dfrac{s^2+b^2}{s^2-a^2}}$
60	$\dfrac{1}{\pi t}\sin(2a\sqrt{t})$	$\mathrm{erf}\left(\dfrac{a}{\sqrt{s}}\right)$
61	$\dfrac{1}{\sqrt{\pi t}}\mathrm{e}^{-2a\sqrt{t}}\,(a>0)$	$\dfrac{1}{\sqrt{s}}\mathrm{e}^{\frac{a^2}{s}}\mathrm{erfc}\left(\dfrac{a}{\sqrt{s}}\right)$
62	$\mathrm{erfc}\left(\dfrac{a}{2\sqrt{t}}\right)$	$\dfrac{1}{s}\mathrm{e}^{-a\sqrt{s}}$
63	$\dfrac{1}{\sqrt{t}}\mathrm{e}^{-\frac{a^2}{4t}}\,(a\geqslant 0)$	$\sqrt{\dfrac{\pi}{s}}\mathrm{e}^{-a\sqrt{s}}$
64	$\mathrm{erf}\left(\dfrac{t}{2a}\right)\,(a>0)$	$\dfrac{1}{s}\mathrm{e}^{a^2s^2}\mathrm{erfc}(as)$
65	$\dfrac{1}{\sqrt{\pi(t+a)}}\,(a>0)$	$\dfrac{1}{\sqrt{s}}\mathrm{e}^{as}\mathrm{erfc}(\sqrt{as})$
66	$\dfrac{1}{\sqrt{a}}\mathrm{erf}(\sqrt{at})$	$\dfrac{1}{s\sqrt{s+a}}$
67	$\dfrac{1}{\sqrt{a}}\mathrm{e}^{at}\mathrm{erf}(\sqrt{at})$	$\dfrac{1}{\sqrt{s}(s-a)}$

续表

	$f(t)$	$F(s)$
68	$u(t)$	$\dfrac{1}{s}$
69	$tu(t)$	$\dfrac{1}{s^2}$
70	$t^m u(t)(m>-1)$	$\dfrac{1}{s^{m+1}}\Gamma(m+1)$
71	$\delta(t)$	1
72	$\delta^{(n)}(t)$	s^n
73	$\operatorname{sgn} t$	$\dfrac{1}{s}$
74	$J_0(at)$	$\dfrac{1}{\sqrt{s^2+a^2}}$
75	$I_0(at)$	$\dfrac{1}{\sqrt{s^2-a^2}}$
76	$J_0(2\sqrt{at})$	$\dfrac{1}{s}e^{-\frac{a}{s}}$
77	$e^{-bt}I_0(at)$	$\dfrac{1}{\sqrt{(s+b)^2-a^2}}$
78	$tJ_0(at)$	$\dfrac{s}{(s^2+a^2)^{\frac{3}{2}}}$
79	$tI_0(at)$	$\dfrac{s}{(s^2-a^2)^{\frac{3}{2}}}$
80	$J_0\left(a\sqrt{t(t+2b)}\right)$	$\dfrac{1}{\sqrt{s^2+a^2}}e^{b\left(s-\sqrt{s^2+a^2}\right)}$

注：1. $\operatorname{erf}(x)=\dfrac{2}{\sqrt{\pi}}\displaystyle\int_0^x e^{-t^2}\mathrm{d}t$，称为误差函数；$\operatorname{erfc}(x)=1-\operatorname{erf}(x)=\dfrac{2}{\sqrt{\pi}}\displaystyle\int_x^{+\infty}e^{-t^2}\mathrm{d}t$，称为余误差函数.

2. $I_n(x)=i^{-n}J_n(ix)$，J_n 称为第一类贝塞尔函数；I_n 称为第一类 n 阶变形的贝塞尔函数，或称为虚宗量的贝塞尔函数.

参 考 文 献

［1］ 西安交通大学高等数学教研室编. 复变函数 ［M］. 4 版. 北京：高等教育出版社，2015.

［2］ 张元林. 积分变换 ［M］. 6 版. 北京：高等教育出版社，2019.

［3］ 高宗升，滕岩梅. 复变函数与积分变换 ［M］. 2 版. 北京：北京航空航天大学出版社，2018.

［4］ 李红，谢松法. 复变函数与积分变换 ［M］. 5 版. 北京：高等教育出版社，2018.

［5］ 北京大学数学分析与函数论教研室. 复变函数论 ［M］. 北京：人民教育出版社，1961.

［6］ 包革军，邢宇明，等. 复变函数与积分变换 ［M］. 3 版. 北京：科学出版社，2016.

［7］ 马柏林，李丹衡，晏华辉. 复变函数与积分变换 ［M］. 3 版. 上海：复旦大学出版社，2015.

［8］ 钟玉泉. 复变函数论 ［M］. 4 版. 北京：高等教育出版社，2013.